U0813120

黑龙江省优秀学术著作
“十四五”时期国家重点出版物出版专项规划项目
现代土木工程精品系列图书

张拉式膜结构设计与施工

刘　凯　贾明明　熊友春　洪　成　编著

哈爾濱工業大學出版社

内 容 简 介

随着我国建筑业的不断发展，膜结构作为新型大跨度空间结构已经被广泛地应用于各个领域。虽然膜结构在我国已经有十几年的研究与应用，但膜结构的设计与施工一体化问题始终没有得到很好的解决。

本书是作者结合多年的研究成果和工程应用实践，参考了相关的文献资料，综合国内外膜结构研究现状撰写而成，旨在指出膜结构设计过程中应考虑施工因素的影响，使其更加符合工程实际。本书共分6章，涉及膜片的初始形态分析、张拉式膜结构的形态分析和荷载分析、索滑移的研究以及考虑缺陷的索膜结构施工过程分析。

本书可作为研究生和相关科研人员的学习参考资料，也可为相关工程技术人员提供借鉴。

图书在版编目(CIP)数据

张拉式膜结构设计与施工/刘凯等编著. —哈尔滨：哈尔滨工业大学出版社，2023.1
(现代土木工程精品系列图书)
ISBN 978-7-5603-9326-1

Ⅰ.①张… Ⅱ.①刘… Ⅲ.①薄膜结构-结构设计-研究 ②薄膜结构-建筑施工-研究 Ⅳ.①TU33 ②TU758.1

中国版本图书馆 CIP 数据核字(2021)第014050号

策划编辑 王桂芝 张 荣
责任编辑 张 颖 周轩毅
出版发行 哈尔滨工业大学出版社
社 址 哈尔滨市南岗区复华四道街10号 邮编150006
传 真 0451-86414749
网 址 http://hitpress.hit.edu.cn
印 刷 哈尔滨午阳印刷有限公司
开 本 720 mm×1 000 mm 1/16 印张11.25 字数214千字
版 次 2023年1月第1版 2023年1月第1次印刷
书 号 ISBN 978-7-5603-9326-1
定 价 58.00元

(如因印装质量问题影响阅读，我社负责调换)

前　言

膜结构是20世纪中期发展起来的新型大跨度空间结构，是空间结构形式中的典型代表，被广泛地应用于体育场、机场、展览馆等公共建筑中。虽然膜结构在我国已经有二十余年的研究与应用，但是由于其设计内容和分析方法比传统结构复杂得多，因此，膜结构的设计分析仅仅停留在形态分析、裁剪分析的设计环节，而与设计息息相关的施工问题研究较少，尤其是设计与施工一体化的问题始终没有得到很好的解决。

本书是作者结合多年的研究成果和工程应用实践，参考了相关的文献资料，综合国内外膜结构研究现状并考虑施工过程及施工缺陷对膜结构形态的影响撰写而成的。本书内容共6章，具体包括：

第1章　绪论，主要介绍膜结构的发展简史和应用情况，针对膜结构的优点和缺点进行分析，并对现行膜结构设计与施工中存在的问题进行阐述。

第2章　膜片的初始形态分析，主要推导膜单元、索(杆)单元的几何非线性刚度矩阵及平衡方程，给出在已知膜片中索矢跨比及膜内力的情况下求解索初始预张力的公式，确定采用自平衡迭代法可以找到真实形态的等应力曲面。

第3章　张拉式膜结构的形态分析，主要介绍索杆体系找力分析的平衡方程及求解方法，提出形态迭代求解法，很好地解决了索杆膜空间结构体系中索杆与膜片之间的变形协调和膜片不是真实曲面的问题，并且满足建筑师给定的膜片柔性边界条件和角点边界条件。

第4章　张拉式膜结构的荷载分析，主要介绍荷载分析时所用的平衡方程和应力求解公式，提出判断索松弛和膜褶皱的原则及相应的处理方法。同时，利用温度荷载提出了施工成形态分析思想，给出一种裁剪线确定的方法并讨论如何利用膜片预应力的释放方法确定膜片预应力释放后的裁剪线的位置。

第5章　张拉式膜结构中索滑移的研究，主要利用空间两节点直线索单元推导连续索滑移刚度，给出采用修正的线性滑移刚度法迭代求解索在膜套中(或膜表面上)滑移的算法，同时以摩擦第一定律为理论基础，利用三角形膜单元根据材料力学点的应力-应变关系推导索元对膜元的拉力公式，根据索膜的位置关系给出索膜间摩擦力公式,提出考虑摩擦时索滑移的判断方法。

第6章 考虑缺陷的索膜结构施工过程分析,主要通过对索杆膜空间结构进行施工跟踪与控制的理论和试验研究,建立适于索膜结构施工过程模拟的新型弹簧质点数值计算模型,明确设计与施工的关系,揭示索膜滑移及膜布缺陷等对大跨度索杆膜空间结构受力状态的影响,完善现有的膜结构施工检测与安全监控理论。

本书主要内容源于以下科研项目的部分研究成果:国家自然科学基金青年基金项目(编号:51108227)、江西省科技厅青年科学基金项目(编号:20132BAB216002)、江西省教育厅科学技术研究项目(编号:GJJ08460)、南昌工程学院青年基金科技项目(编号:2008KJ007)等。

在本书撰写过程中,南昌大学张纯教授及许晓梅、吴晗等研究生参与完成了部分工作,并得到哈尔滨工业大学刘宗仁教授、高维成教授亲自指导,同时参考了一些同行的相关文献及研究成果,在此一并表示感谢。

本书对张拉式膜结构的索杆膜空间结构体系的设计与施工中存在的问题进行了较为系统的研究,但限于作者的水平,书中不足之处在所难免,敬请读者不吝指出,作者将不胜感激。

作 者

2022年7月

目　　录

第1章　绪　　论

1.1　研究背景

建筑结构的形体呈三维空间状,具有三维受力特性且呈立体工作状态的结构被称为空间结构。人类在观察大自然的实践活动中创造了很多既经济又美观的空间结构。近年来,各种类型的大跨空间结构在美国、日本和欧洲等发达国家和地区快速发展。建筑物的跨度和规模越来越大,采用了许多新材料和新技术,创造了丰富的空间结构形式。许多宏伟而富有特色的大跨度建筑已成为当地的象征性标志和著名的人文景观。膜结构是20世纪中期发展起来的一种新型大跨度空间结构形式,是空间结构形式中的典型代表,它的产生与发展是深受Fuller“少费多用”(即充分发挥材料自身特性,用最少的物质材料建造最大容积建筑)思想影响的结果。与传统的刚性结构不同,膜结构是用高强度柔性薄膜材料与支撑体系相结合形成具有一定刚度的稳定曲面,是能承受一定外荷载的空间结构形式。其材料、构造和受力特点具有很多自身特殊的地方,膜材料自重极轻,可以覆盖大空间,而且建筑造型自由轻巧、丰富多变,施工快捷,使用安全,因而膜结构在世界各地被广泛地应用。

膜结构在结构及建筑设计上充分体现了膜结构的轻巧、高强、透光等特点,可以在大跨度、大体量的公共建筑中实现人们所追求的自然、和谐、明亮的内部空间。膜结构特别适用于大型体育场馆、入口廊道、公众休闲娱乐广场、展览会场、购物中心等领域。

Fuller认为,自然界存在着能以最少结构提供最大强度的向量系统,即所谓的“最美形式也是最经济的形式”,而膜结构正是以预张力为基础,实现了以最轻结构围合出最大的空间,以最科学的结构创造出最美的建筑形态,使蕴含于连续、流畅而又富于动感的曲面中的自然美,凸现于先进的预应力成形过程及精致的节点构造中的技术美,以及内在结构的科学构成而表露于建筑形态上的艺术美在这一结构形式中得到了完美的结合,这也正是建筑师们钟爱膜结构的重要原因之一。

膜结构是一种建筑与结构完美结合的结构体系。膜结构的形状对建筑师是至关重要的。对于一般的建筑物，其形状往往是先由建筑师确定的，膜结构则不同。首先，它的变形比一般结构要大；其次，它的形状是在施工过程中逐步形成的，有一个形状确定的过程，需要结构工程师的参与，要确定在初始荷载作用下结构的初始形状，即结构体系在膜自重（有时还有索）与预应力作用下的平衡位置。在初步设计阶段，应先按建筑要求设定大致的几何外形，然后对膜面施加预应力使之承受张力，其形状相应改变，不断调整预应力，最后得到理想的几何外形和应力分布状态。因此，膜结构与传统结构在设计过程方面存在差异，它打破了传统的“先建筑，后结构”的设计程序，要求建筑设计与结构设计紧密地结合。薄膜建筑设计在初步构思阶段是将建筑方案同结构方案融合在一起来考虑的，建筑方案同时也是结构方案的初步构想，因此建筑师需对膜结构有较深刻的了解，不但要了解其受力特点，而且要了解其构件的组成及相互关系，充分利用结构所具有的各种可能性，从而解决好结构形式与建筑功能之间的矛盾，将结构的力学规律性与空间的实用性及形式的美学法则统一起来。同时，结构工程师也应当了解建筑功能、建筑艺术等对结构的要求，只有这样才能使结构、功能及审美在设计中有机结合，充分发挥结构形式所具有的特性。在设计过程中，建筑师和结构工程师要一起确定建筑物的形状，并进行必要的计算分析。这时，所设计建筑物的平面形状、立面要求、支点设置、材料类型和预应力大小都将成为互相制约的因素，一个完美的设计也正是上述矛盾统一的结果。

膜结构设计内容和分析方法要比传统结构复杂，这种体系可在荷载作用下产生较大的位移，因而在计算中必须考虑几何非线性。膜结构的理论分析包括：形态分析、静力分析、裁剪分析和风振响应分析，其中前三项的理论研究相对比较成熟，运用的理论方法较多，如在形态分析中有动力松弛法、力密度法、非线性有限元法等；风振响应分析也在逐步走向成熟。

然而，理论分析无论怎样被完善，最终结构的实现还需要施工技术的成熟；设计与施工的一体化问题目前在我国显得尤为突出。根据我国现状，一批专家、学者正致力于建筑设计理论的研究，极少涉及施工领域，这就导致了施工队伍素质不高，无法按设计要求完成设计任务。特别地，在大跨非刚性结构体系中，施工方案、施工过程和施工控制等内容与结构设计是密切相关的，任意施工方法和过程与理论分析的假定和算法不符，都有可能使形成的结构面目全非或极大地改变结构的形态，而且可能使结构严重超载。因而施工人员应清楚地了解设计意图，有效控制每一个施工步骤，以达到实现结构预定形态和刚度的共同目标。

就施工相关性而言，膜结构一般具有如下力学特点：

① 结构形状及刚度与施工方法和过程间有相关性。初平衡态下的形状确定及预应力分布一直是张拉结构中最关键的问题,如柔性体系中的张拉式膜结构,一种形态对应一种预应力分布,即仅在适当预应力时才具有确定的形状,而且其几何形状是随支撑 - 边界条件和预应力分布状态而变化的,对几何外形的改变非常敏感,几何外形的微小改变可能导致内力的较大变化。

② 结构的荷载敏感性。膜结构在并未获得完整刚度的成形结构以前,部分施工荷载或风荷载作用下的索力松弛可能给结构带来灾难性影响。

③ 结构成形前的弱(零) 刚度性。

因此,在现代大跨度非刚性的结构体系中,对膜结构施工问题的分析就显得尤为重要。

1.2　膜结构的分类

膜结构的形式虽千变万化,但根据支撑方式、构造和受力特点来看,大致可分为整体张拉式膜结构、骨架支撑式膜结构、索系支撑式膜结构和空气支撑式膜结构,以及由以上几种结构组合成的结构。

(1) 整体张拉式膜结构。

整体张拉式膜结构可由桅杆等支撑构件提供吊点,并在周边设置锚固点,通过预张拉而形成稳定的体系。整体张拉式膜结构是索膜建筑的代表和精华,具有高度的形体可塑性和结构灵活性。在张拉式膜结构中,薄膜作为主体受力构件,通过施加预拉力使膜材具有一定的刚度以承受荷载。膜结构悬挂于桅杆或刚性支架(如格构拱等) 等支撑结构下部,其曲面多为简单的鞍形曲面或伞形曲面。由于膜材不能承受过大的预应力,因此该类结构形式多用于中小跨度结构中;如果用于大型建筑,则需通过多个相同或不同的单元体进行组合以构成整体结构,例如山东威海体育馆的挑蓬膜结构就是由多个单伞结构组成的。

如图 1.1 所示,张拉式膜结构按其表面形状可分为锥形(伞形)、马鞍形、拱支撑形和脊谷式。

大部分膜结构都是以负高斯表面几何(马鞍形) 为基础的,此类曲面受力明确:向下的雪荷载由承重纱线承担;风荷载作用下的吸力由稳定纱线承受。膜面的几何形状不是以数学为基础所定义的表面,而是需要在一预定的边界支撑系统中通过其内部预应力平衡来确定。其物理特征与皂膜相似:在边界系统中,皂膜的几何形状仅能在皂膜分子之间存在张拉平衡的情况下形成。因此,设计者在设计膜结构的形状时,应包含一套边界条件,因为边界条件影响了所有连接膜和给膜提供支撑的单元的部署,如脊索和谷索、柱子、拱和梁等。

(a) 锥形（伞形）

(b) 马鞍形

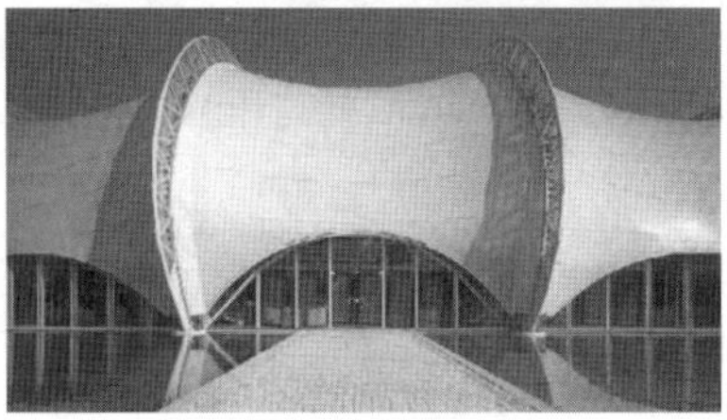

(c) 拱支撑形

(d) 脊谷式

图 1.1　张拉式膜结构的表面形状

膜面一般为负高斯曲面，体形丰富、自然流畅、曲面柔美，倍受建筑师们的青睐。但这种结构体系受力分析复杂，对施工精度要求高，因此其设计计算、加工制作及施工工艺难度都较大。

(2) 骨架支撑式膜结构。

骨架支撑式膜结构应由钢构件或其他刚性构件作为承重骨架，在骨架上布置按设计要求张紧的膜材，由骨架体系决定建筑形体。骨架采用网架或网壳体系、拱架体系等。刚性骨架是屋盖的主要承重结构，作为覆盖材料的膜材则是局部范围内的承重单元，主要起维护作用，是辅助受力构件，因此薄膜材料特有的结构承载作用无法得到充分的发挥，而刚性结构又存在稳定问题，使骨架支撑式膜结构的跨度受到一定的限制，造型亦有特有的限制。由于该类膜结构构造简单，设计难度相对较低，施工方法也较为简单，造价较张拉式膜结构低，因此目前也被应用于大型体育场馆中，如日本秋田天穹（图 1.2）、大馆穹顶（图 1.3）等均属此类结构。

骨架支撑式膜结构体系施工与常规结构相似，较易被工程界理解和接受；但为了让膜具有一定的刚度，骨架体系提供给膜的支撑系统一般要有一定的曲度，并应设置向膜中施加预应力的机构。

(3) 索系支撑式膜结构。

索系支撑式膜结构应将空间索系作为主要承重构件，在索系上布置按设计要求张紧的膜材。此类结构主要由索、杆和膜构成，三者共同起承重作用。在通常所说的张拉式整体（Tensegrity）结构中，若采用膜材，即属于索系支撑式膜结构。例如，在现代比较流行的索穹顶（Cable Dome），它是空间双层索系与覆盖膜材的联合运用，形成了一种高效的大跨度轻型屋盖结构体系，如亚特兰大体育馆(图 1.4)、美国雷声穹顶(图 1.5)。

图 1.2　日本秋田天穹

图 1.3　日本大馆穹顶

图 1.4　亚特兰大体育馆

图 1.5 美国雷声穹顶

(4) 空气支撑式膜结构。

空气支撑式膜结构一般也被称为充气膜结构,是以柔性薄膜为表面材料,利用压力差来稳定整体结构的一种承重结构。用来形成压力差的介质一般为空气,也可以是其他气体或液体。其应具有密闭的充气空间,并应设置维持内压的充气装置,借助内压保持膜材的张力,形成设计要求的曲面。空气支撑式膜结构一般可分为气承式充气膜结构和气压式充气膜结构。

气承式充气膜结构由单层薄膜组成,通过压力控制系统向建筑物室内充气,使室内外保持一定的压力差,膜体受到上浮力,并产生一定的预张力,以保证体系的刚度。室内设置的空压自动调节系统不断地调整室内气压,以适应外部荷载的变化,如东京后乐园棒球馆(图 1.6)。

图 1.6 东京后乐园棒球馆

气压式充气膜结构(也称为气胀式)有气肋式和气被式两种形式。气压式充气膜结构是向单个膜构件(充气肋或充气被)的封闭空间内充气,使其保持足够的内压,多个膜构件进行组合形成一定形状的整体受力体系,这种结构对膜材自身的气密性要求很高,或需不断地向膜结构构件内充气,如 1970 年大阪世界博览会的富士馆(图 1.7)。

图1.7 大阪世界博览会的富士馆

充气膜结构是最初发展起来的结构形式之一,适用于跨度超过70 m的大跨度体育设施,一般多采用低拱度一层膜或二层膜的结构形式。充气膜结构一般需要长期不间断的能源供应。为了保持一定的气压差,应用于低拱度大跨度体育建筑中的一层膜结构必须是封闭的,另外充气膜结构的造型也受到一定的限制。在气候恶劣的地方,充气膜结构的维护有一定的困难,不少体育馆都曾遭到意外的漏气而下瘪。这些事故的产生,主要是由于充气膜特有的"袋状效应",即膜表面一旦积累了一些冰雪引起下凹,下凹处就会积累更多的冰雪,如此恶性循环而造成膜材破裂。由于该类膜结构自身存在的一些缺点,目前充气膜结构仅被用于一些小型的或临时性建筑中,而在个别大型膜结构中所看到的充气膜结构也都是在与其他结构形式相结合后用于结构中的。但是充气膜结构只要维护和管理得当,特别是在少雪地区,仍不失为一种优秀的结构形式。其圆弧形的屋顶加上半透明的膜材,使人宛如置身于天空之下,这是其他房屋结构所不能比拟的。

(5) 组合式膜结构。

组合式膜结构通常在自身稳定的桁架体系上划分若干个单元,每个单元上布置张拉式膜结构单元,膜结构单元之间在受力上基本是相互独立的,可以认为是多个简单张拉式膜结构单体的物理组合,受力的复杂性介于张拉式膜结构与骨架式膜结构之间。这种体系在目前膜结构体育场罩篷中也被较广泛地应用,如青岛颐中体育场(图1.8)。

图 1.8　青岛颐中体育场

1.3　膜结构的发展简史

现代意义上的膜结构起源于 20 世纪初。1917 年，有一位名为 W. Lanchester 的美国人提出利用新发明的电力鼓风机将膜布吹胀，作为野战医院。像许多专利申请案一样，这只是一种构思，并没有真正成为可使用的产品。1946 年，有一位名为 Water Bird 的人为美国军方做了一个直径 15 m 的圆形充气雷达罩，可以保护雷达不受天气干扰，又可让电波无阻通过，从而使 29 年前的专利付诸实践。1957 年，Water Bird 又将自家的游泳池罩在了一个充气膜结构中，并在美国的《生活》杂志上做了介绍，从此这种结构形式开始被世人知晓，并由此衍生出了一个新的工业产业。1956 年后，美国一共建立了 50 多家膜结构公司，制造各种膜产品，用作体育设施、展览场、设备仓库、轻工业厂房等，但多因设计不周全、制作粗糙或业主维护不当，造成了许多不幸事件，大多数的工厂亦因之倒闭。

20 世纪 60 年代，德国斯图加特大学的建筑师 Otto，先后于 1962 年和 1965 年发表了研究预应力膜结构的成果，并同帐篷制造厂商合作，制作了一些帐篷式膜结构和钢索结构。其中，最受人瞩目的第一个大面积（占地 86 000 m^2）工程是 1967 年 Montreal 博览会的西德馆（图 1.9），其在欧洲（尤其是德国）可以说是开了膜结构商业化的先河。由于当时的膜材料没有足够的张拉强度，所以他把索网引入张拉式膜结构中。此结构平面变化极为自由，索网屋面或支或挂在 11 根布置灵活的桅杆上，高耸的桅杆、变幻的曲面以及富有机械技术表现力的节点形式给人以强烈的艺术感染力，使其成为 20 世纪最具影响力的建筑之一。

图1.9　Montreal博览会的西德馆(1967)

1968年,美国纽约的建筑师Brody和哥伦比亚的David Geiger教授合力争取到了日本大阪世界博览会美国馆的设计权,但经费由原本的2 500万美元削减到250万美元。此设计组承受了巨大的挑战,在“穷则变,变则通”的情况下,将地基挖一大坑,将废土堆在四周筑成围墙,其上浇注一混凝土压力环,将钢索网固定在环上,再将膜布固定在钢索网上,加以充气,建成了9 290 m^2的展览馆,从而开启了气承式充气膜结构的新篇章。1970年举行的日本大阪世界博览会是膜结构第一次集中展示的舞台,因为日本是个多地震的国家,且博览会会址的地质条件较差,各国建筑师和结构师便纷纷选择了膜结构这种自重轻、抗震性能好、施工速度快且形态各异的结构形式作为临时展馆,如巨大而扁平的美国馆(图1.10)、彩虹状的富士馆(图1.7)等。1970年以后的10多年间,美国又建起了大约8座大型永久性充气膜结构体育馆,如密歇根州庞蒂亚克的“银色穹顶”。

图1.10　大阪世界博览会的美国馆

在大阪世界博览会,Geiger公司成功地向世人推出气承式充气膜结构的新设计技术,在受到建筑工程界一致认可后,又面临所使用的膜材料问题。这种膜材料只有7 ~ 8年的寿命，在太阳紫外线及风、雨的交互作用下，膜布会变得硬脆、破裂而失去结构性能。只有使用好的膜布材料才能使这种大跨距的屋顶成为永久性的建筑。正在此时，美国Ford基金会下属的教育设施实验室给Geiger公司提供了一笔资金，用来开发此种永久性的建筑膜。在Geiger公司领导下，美国的杜邦公司、康宁玻纤公司、贝尔德建筑公司、化纤织布公司共同开发永久性的结构膜。产品很顺利地就制成了，化纤公司将康宁公司提供的玻璃纤维集成线再织成布纱，经过矽胶浸泡，先制成水密坯布，再多次快速放入特氟隆(Teflon)溶液中，使坯布两面皆有均匀的Teflon涂层，永久性的PTFE膜正式诞生。经过加速气候实验，其物理稳定性确定后，Geiger公司又设计了各种结构配件及确定设计程序，以建造不同性质的膜结构。堪萨斯城的建筑师约翰·西弗率先使用此产品，在加州的拉文大学建了一座学生活动中心(图1.11)；几乎同时在圣塔克拉拉大学的加州分校建了一座气承式游泳馆(活动屋顶)及学生活动中心，从此永久性膜结构便正式在美国风行。

图1.11　拉文大学学生活动中心

充气膜结构虽然实现了大型体育场馆的室内化，但也存在不少问题，特别是气压自动控制系统和融雪热风系统性能不稳定可造成膜面局部下瘪甚至坍塌。已建成的充气膜结构基本上均遇到过类似问题；加之其运行及维护也是一笔不小的开支，美国自1985年以后就再也没有采用这种结构形式。在这样的背景之下，张拉式膜结构在20世纪80年代得到了极大的发展，工程实例很多，其中比较典型的大型张拉式膜结构有沙特阿拉伯利雅德体育场(图1.12)和美国丹佛机场候机大厅(图1.13)。

1985年建成的沙特阿拉伯利雅德体育场外径288 m，其看台挑蓬由24个连在一起的形状相同的单支柱帐篷式膜结构单元组成。每个单元悬挂于中央支柱，外缘通过边缘索张紧在若干独立的锚固装置上，内缘则绷紧在直径133 m的中央环索上。在膜转折处和单元邻接处均设置相应的脊索或谷索作为必要的受力构件或起加强作用。此屋盖工程的安装过程为：沿环形看台竖起24根钢管柱 → 内环钢索与支撑柱之间用索连接，并加力拉起就位于体育场地面上空 42.7 m 处 → 挂膜片于内环索与支撑柱之间 → 塔吊吊起外环膜片并用铁扁担梁安装就位→相邻膜片用连接带钳柱并勒紧固定于支撑索上→柱头与膜片的连接与定位拉索。

图 1.12　沙特阿拉伯利雅德体育场

图 1.13　美国丹佛机场候机大厅

1993 年建成的美国丹佛机场候机大厅采用完全封闭的张拉式膜结构，平面尺寸为 305 m × 67 m，由 17 个连成一排的双支柱帐篷式单元组成，每个长条形的单元由相距 45.7 m 的两根支柱撑起。同样，在每个单元内和单元邻接处设置必要的边缘索、脊索和谷索，膜在这些索的作用和约束下建立预应力，并形成确定的形状。

随着我国申办奥运会的成功，由中国人自己设计和施工的膜结构体育场馆和展览馆逐渐涌现在我国广袤的大地上，其中最具代表性的有以下几座：

1997 年竣工的上海八万人体育场膜结构马鞍形屋盖，为了支撑膜结构，在径向悬挑桁架的上弦上面加设了环向的圆钢管框架，组成了环状大悬挑空间结构，屋面为由 59 个带悬空杆伞形薄膜单体构成的空间屋盖结构，最大和最小悬挑长度分别为 73.5 m 和 22.9 m，但是该结构的设计和施工均由国外公司完成。由我国独立设计和施工的较大规模的膜结构有浙江义乌会展体育中心（图 1.14）张拉式膜结构和威海体育场（图 1.15）屋盖结构。

图 1.14　浙江义乌会展体育中心

图 1.15　威海体育场

浙江义乌会展体育中心体育场主体平面呈双轴对称椭圆形,屋盖为钢桁架支撑的张拉索膜结构。膜覆盖面积约 16 138 m^2,每块膜面的两条长边直接附着于钢桁架上,两条短边通过钢索过渡与主体钢结构相连接。膜面安装完成后,再通过张拉装置张拉每跨膜结构中心的谷索使膜面产生拉应力,并通过谷索使整体结构最终达到设计要求。屋面安装后的屋盖体系总体效果呈波浪形,两个索膜结构宛如半轮新月,东西对称,呈合抱之势,造型新颖。

威海体育场挑蓬采用先进的全张拉索膜结构形式,整体呈双曲抛物面形。膜材主要用在沿周围的看台上方,而支撑张拉式膜结构的承力结构则由独立钢立柱、内环梁和结构索组成。结构外缘和内环皆呈近似椭圆形,其中外缘长轴 236 m,短轴 206 m;内环长轴 205 m,短轴 143 m。在模型试验的基础上,采用国内崭新的液压同步提升施工技术垂直提升内环梁,有效地控制了安装误差;膜的安装采用围绕柱子在脊索下及环梁下搭条状脚手架,在看台上装附件,用手动葫芦把膜体提升到位后展开的方案,保证了安全快捷地施工。

1.4 膜结构的特点

各种类型的膜结构形式在受力分析、设计构造、制作安装等方面难易程度有很大不同,应用上也不尽相同,但它们有如下共同特点:

(1) 自重轻,在建造大型公共建筑时,具有较好的性价比。在大跨度的结构中采用膜结构要比传统结构轻一个或几个数量级,且单位面积的结构自重与造价也不会随跨度的增加而明显地增加。

(2) 造型优美、富有时代气息。膜结构突破了传统的建筑结构形式,易做成各种造型,且色彩丰富,在灯光的配合下易形成夜景,给人以现代美的享受。又由于其技术上的先进性,膜结构被誉为现代建筑的高科技,是21世纪的建筑。

(3) 减少能源消耗。膜材料自身透光性较好,透光率为7% ~ 20%,可充分利用自然光,白天使用不需人工照明,完全能满足各种体育比赛等活动需要;膜材料对光的折射率在70%以上,在日光照射下,能在室内形成柔和的散光,给人以舒适、梦幻的感受。

(4) 施工速度快。膜片的裁剪制作、钢索及钢结构等制作均在工厂内完成,可与下部钢筋混凝土结构或构件等同时进行,在施工现场只是钢索、钢结构及膜片的连接安装定位及张拉的过程,故在现场的施工安装比较文明、快捷。

(5) 经济效益明显。虽然膜结构建筑项目目前来说一次投资稍大,但由于此类结构的日常维护费用极小(被称为"免维护结构"),因此从长远来看,经济效果非常明显。此类结构若用于超大跨度建筑中,则有更为突出的价格优势。索膜结构的经济优势是与空间跨度和技术难度成正比的。

(6) 使用安全可靠。膜结构自重轻,抗震性能比较好,属柔性结构,能够承受很大的位移,不易整体倒塌,且膜材料一般都是阻燃材料,也不易造成火灾。

(7) 易做成可拆卸结构。膜结构易于运输,可用作巡回演出、展览等,如美国某公司设计制作的音乐演出场馆顶棚覆盖面积约为300 m^2,其拆卸和安装时间不足6 h。

(8) 使用范围广。从气候条件看,膜结构适用于从阿拉斯加到沙特这样广阔的地域;从规模上看,可以小到单人帐篷,大到覆盖几万、几十万平方米的建筑,甚至有人曾设想覆盖一个小城,实现人造自然。

1.5 膜结构应用中存在的问题

虽然我国对膜结构的研究起步较晚，但起点较高，发展较快。从国内外膜结构的历史可以看出，其发展经历了由充气膜到骨架支撑式膜到张拉式膜再到索系支撑式体系的过程。近年来在我国，骨架支撑式尤其是整体张拉式膜结构得到了大量的应用，我国学者在膜结构的建筑膜材、结构分析与设计理论、加工制作与安装等相关技术方面都已进行了广泛深入的研究与开发 。但膜结构从材料、分析、设计与建造方面都与传统的刚性结构有很大的不同，在开发与应用中，还存在一些关键技术或关键技术的某些方面有待进一步解决，因此有必要对其设计、施工进行进一步的探讨和研究。

1.5.1 设计计算中存在的问题

如前所述，气承式膜结构由于结构本身存在缺点而逐渐退出了历史的舞台；骨架支撑式膜结构膜的设计与施工相对简单；而整体张拉式膜结构与索系支撑式膜结构是柔性体系，非线性强，设计与施工较为复杂，但造型新颖别致，深受建筑师的青睐，所以其设计理论得到了充分的发展。因此本章主要以整体张拉式膜结构（第一类膜结构）为研究对象，对其进行设计与施工方面的研究。

传统的整体张拉式膜结构的设计主要包括三个方面：初始形态分析、荷载分析和裁剪分析；此外，还有结构构件尺寸的确定和连接设计。三个主要方面互相影响，但初始形态分析是基础。目前，比较流行的初始形态分析方法有力密度法、动力松弛法和有限元法。随着计算机技术和有限元方法的发展，整体张拉式膜结构的设计软件也取得了很大的进步，较为先进，可一体化完成初始形态分析、荷载分析及裁剪等内容，并可直接生成供计算机控制的裁剪机器下料的数据。国外常见的软件有EASY（德国）等，国内的有MCAD（向阳，光翌公司）等，但这些软件并没有施工分析。因为存在施工成形的方法不同，可能导致不同的预应力分布等一系列施工问题，所以有必要进行施工分析。

在施工成形过程中，索在膜套中是滑移的，但在设计程序中均没有考虑索的滑移问题，这就导致了索的施工张力可能偏大的缺点；孙晓颖通过每根索的总的变形量求出每根索的平均拉力，此方法在索受到较均匀荷载的作用时比较有效，因此应对索的滑移问题进行更进一步的探讨。

在张拉式膜结构设计计算中，尤其是具有柔性边界的张拉式膜结构，如何使设计与施工一体化并完成膜片与支撑体系的整体协同分析也是设计时需要解决的问题。

1.5.2　施工过程中存在的问题

整体张拉式膜结构的施工可分为钢结构的施工、索结构的施工和膜结构的施工三部分。钢结构的施工一般由钢结构施工公司来完成，并且有钢结构的施工标准可供参考；索结构的施工一般由预应力公司来完成，没有统一的施工标准；而膜结构的施工主要由膜结构公司来完成，虽然《膜结构技术规程》(CECS 158—2004) 对施工标准进行了限定，但考虑因素较少，并不完善。

整体张拉式膜结构的施工可分为三个阶段：在工厂内完成膜材的裁剪、初始黏合；钢索与膜面的现场安装、拼合与初始成型；张拉定位索与顶升支撑杆、对膜面施加预应力达到设计初始形态分析值。在施工现场，由于索、膜和支撑体系在共同工作之前为机构体系，且成形之前机构的整体刚度较弱甚至为零，受力体系时刻在变化，因此需要对施工过程中的临时结构(含支撑系统) 进行统一受力分析与验算。

膜结构与传统结构最大的区别在于外形的不确定性和要对膜施加预张力才能够保证其初始平衡状态和稳定的几何造型。预张力在施工中能不能够达到计算和设计要求，要通过何种方式来确定索膜预张力的数值，这是施工中亟待解决的问题。整体张拉式膜结构施工有着特殊的方式，因为结构初始平衡状态下的初始形态分析应考虑结构形状、预应力分布和支撑条件这一综合系统，施工过程就是结构的成形过程，其遍历初始几何态和预应力态，不同的施工过程必然导致不同的形态分析过程，即施工方案与工程技术水平影响着结构实际的预应力分布能否达到理论计算水平，所以一般地，设计阶段就应该完成施工方案的确定，不同的设计前提决定了不同的施工方案，膜结构公司应完成从设计到施工方案制订的全部内容。

1.6　本书的主要工作

本书以具有柔性边界的张拉式膜结构为研究对象，重点讨论了考虑施工过程的设计问题，对结构的设计和施工进行一体化研究；研究的主要目的是使施工后的结构在内力和形状上符合设计要求，尽量减小设计误差。本书的主要工作如下：

(1) 推导张拉式膜结构的有限元方程，编制相应的有限元计算程序。

(2) 具有柔性边界的膜片初始形态分析时，膜初始应力和索初始应力的分布及其关系极大地影响了曲面的形状，为达到建筑师要求的曲面形状，经常要多次调整索和膜中的初始预应力。若初步设定的预应力状态与最终状态差异较大，则大大增加了分析的时间，甚至初始形态分析难以收敛。为了节约初始形态分析的时间，在已知膜片中索矢跨比的前提下，推导确定索初始预张力的公式。

(3) 根据索杆体系找力分析的理论，对张拉式膜结构（包含索杆膜构件）进行整体协同分析。

(4) 编制考虑膜褶皱和索松弛的荷载分析有限元程序，并模拟张拉式膜结构的施工成形过程。

(5) 利用索杆结构，提出一种改进的确定裁剪线的方法，并给出确定无应力状态下的裁剪线位置的方法。

(6) 提出一种线弹性模型和非线性滑移刚度模型所建立的新的滑移索单元；给出索在膜套中（或膜表面上）滑移的算法；根据材料力学点的应力－应变关系推导索元对膜元的拉力公式，并给出索膜间的摩擦力公式；提出考虑摩擦时索滑移的基本原理及索滑移的算法。

第2章　膜片的初始形态分析

2.1　概　　述

张拉式膜结构是利用柔性钢索配以支撑受力构件,使膜成品张拉形成稳定的空间曲面的膜结构形式。由于其可以利用索和支撑构件的灵活布置,以及预应力状态的不同分布,形成许多造型复杂、新颖独特、丰富的空间曲面形状,充分发挥建筑师的想象力和创造力,因此可以体现建筑艺术的魅力。

传统的结构设计是由建筑师先给出建筑方案,结构师选择合理的结构体系并初步选定构件的截面尺寸,然后才是结构分析和构件设计。需要强调的是,这里所讲的是设计而不是计算,设计更多是从荷载传递途径或者从力流分布的角度来考虑的,即概念设计;而结构方案确定之后具体到每个构件要用多大的截面、配多少钢筋等,则是计算设计(或者称设计计算)。计算可由相应的计算机程序来完成,而设计才是工程师的主要工作。在张拉式膜结构的设计过程中,建筑师给定任一外形,未必有合理的预应力分布与之对应,甚至未必能够张成,因此建设师与结构工程师必须紧密配合、协同进行形态分析,这与传统的结构设计过程是不同的。

张拉式膜结构是以索、膜等柔性材料为主要材料的膜结构体系。本章将由膜和与膜线接触的索(包括脊索、谷索和边索)共同组成的材料称为膜片。由于膜片本身不具有基本刚度和形状,即在自然状态下不能形成既定的空间形状,要保持稳定、获得承载能力,就必须对膜材施加预应力。所谓初始形态分析,就是找出既满足建筑师的外形构思,又符合边界条件和力学平衡,并与某种自平衡预应力分布状态相对应的结构几何形状;简言之,就是找出合理的形体。初始形态分析的结果是得到上述结构几何形状的三维坐标以及基于该形状的预应力分布值。

由膜片初始形态分析的概念可以得到其分析思路:先给定结构内预应力的分布状态,然后求满足该预应力态和边界条件的结构几何形状。与之对应的概念为找力分析,其分析思路:预先给定结构的几何形状,然后求解满足该几何形状要求的自平衡预应力态。在找力分析中,需要已知结构的几何形状,但建筑师一般仅提供结构的边界条件和一些特征点的坐标,而不能给出空间膜曲面的具体描述,因此数值分析较为困难;在初始形态分析中,首先给出结构在平面状态时的各节点坐标并施加预应力,同时给出目标形状的关键点(边界条件)坐标,令边界关键点发生支座移动,使结构从平面移至空间,从而求出非关键点的空间坐标,即为所求的空间几何形状。与找力分析相比,初始形态分析可操作性强,目前应用较广泛。

本章将阐述几何非线性有限元法在膜结构初始形态分析中的应用。

2.2　几何非线性理论概述

从理论上来说,膜结构处于平衡状态时的应力可采用薄壳结构的无矩理论求得。然而,由于其曲面形状的复杂多变,膜结构分析已无法采用物理模型和传统解析方法解决。

建筑膜材中通常使用的织物膜材是一种大变形、非线性、正交异性的拉伸薄膜材料,而且索膜结构成形后为一个空间曲面,尽管在荷载作用下应变较小,但位移较大,所以在建立平衡方程时必须考虑结构非线性变形的影响;同时,一阶线性应变与真实应变之间存在较大误差,需要考虑位移对坐标的二次导数,因此结构的平衡方程和几何关系都将是非线性的。这种由于大位移和大转动引起的非线性问题称为几何非线性问题。

在几何非线性问题中,主要研究物体的应变几何关系。不同的运动描述方法对平衡方程的建立和求解有很大的影响。目前常用的方法有欧拉坐标(Euler Coordinate)描述法和拉格朗日坐标(Lagrange Coordinate)描述法。欧拉坐标描述法是以现时构形中物质点的空间位置坐标 x 为自变量来描述位移的度量方法,又被称为空间描述法,其着重于场的属性研究,通常适用于流体力学的研究;而拉格朗日坐标描述法是以初始构形中物质点的坐标 x 作为自变量对两个相邻的物质点间位移进行度量的描述方法,又被称为物质描述法,其是在运动中建立变形的平衡方程,从而跟踪每个质点的变形,因而适用于固体力学的研究。

在几何非线性问题中,为了得到加载过程中应力和变形的演变历史,并保证求解的精度和稳定性,通常采用增量方法求解,即把结构上的荷载分为多步施加于结构之上。这样可以得到物体在一系列离散的时间点 $0,\Delta t,2\Delta t,\cdots,(j-1)\Delta t$ 上处于平衡状态的物理参量。于是在计算 $j\Delta t$ 时刻的物理量时,可以选择 $0,\Delta t,2\Delta t,\cdots,(j-1)\Delta t$ 中任一个已知的平衡构形作为初始构形。但在实际分析中一般有两种选择,一种选择是在计算 $j\Delta t$ 时刻的物理量时,以 $(j-1)\Delta t$ 时刻的平衡构形作为初始构形,这样初始构形是不断变化的,因此称其为修正的拉格朗日格式(Updated Lagrange Formulation),简称 U. L 格式;另一种选择是以物理初始构形(0 时刻构形)作为初始构形,此时初始构形在整个计算过程中是不变的,为与 U. L 格式区别称其为全拉格朗日格式(Total Lagrange Formulation),简称 T. L 格式。在 T. L 格式中,求解每个增量步的力学参数时坐标系是不变的,所有变量(包括应力、应变)都定义在初始坐标系上;在 U. L 格式中,在求解每个增量步的力学参数后,需不断地修正参考构形。

一般而言,荷载作用下结构位移量级较大时宜采用 U. L 格式,因此本章直接运用修正的拉格朗日格式推导结构的非线性有限元基本方程。

现考查一物体在固定的笛卡儿坐标系中的运动,如图 2. 1 所示。

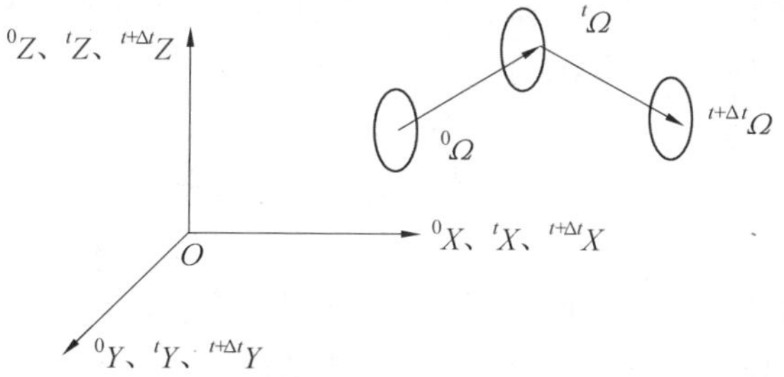

图 2. 1　在固定的笛卡儿坐标系中物体的运动

令${}^t_t\boldsymbol{\varepsilon}_{ij}$、${}^{t+\Delta t}_{t}\boldsymbol{\varepsilon}_{ij}$分别表示状态${}^t\Omega$、${}^{t+\Delta t}\Omega$相对于${}^0\Omega$构形的格林(Green)应变张量,$\boldsymbol{\varepsilon}_{ij}$表示状态${}^t\Omega$至${}^{t+\Delta t}\Omega$的应变增量,$\boldsymbol{u}_i$表示状态${}^t\Omega$至${}^{t+\Delta t}\Omega$的位移增量。在修正的拉格朗日坐标中,把当前状态作为参考状态,得

$$\boldsymbol{\varepsilon}_{ij} = 0 \tag{2.1}$$

$${}^{t+\Delta t}_{t}\boldsymbol{\varepsilon}_{ij} = \frac{1}{2}\left(\frac{\partial \boldsymbol{u}_i}{\partial {}^t x_j} + \frac{\partial \boldsymbol{u}_j}{\partial {}^t x_i} + \frac{\partial \boldsymbol{u}_k}{\partial {}^t x_i}\frac{\partial \boldsymbol{u}_k}{\partial {}^t x_j}\right) \tag{2.2}$$

式(2. 2)可表示为

$${}^{t+\Delta t}_{t}\boldsymbol{\varepsilon}_{ij} = {}^{t+\Delta t}_{t}\boldsymbol{e}_{ij} + {}^{t+\Delta t}_{t}\boldsymbol{\eta}_{ij} \tag{2.3}$$

其中

$${}^{t+\Delta t}_{t}\boldsymbol{e}_{ij} = \frac{1}{2}\left(\frac{\partial \boldsymbol{u}_i}{\partial {}^t x_j} + \frac{\partial \boldsymbol{u}_j}{\partial {}^t x_i}\right) \tag{2.4}$$

$${}^{t+\Delta t}_{t}\boldsymbol{\eta}_{ij} = \frac{1}{2}\frac{\partial \boldsymbol{u}_k}{\partial {}^t x_i}\frac{\partial \boldsymbol{u}_k}{\partial {}^t x_j} \tag{2.5}$$

式中　${}^{t+\Delta t}_{t}\boldsymbol{e}_{ij}$——线性应变分量;

${}^{t+\Delta t}_{t}\boldsymbol{\eta}_{ij}$——非线性应变分量;

${}^t x$——t 时刻状态${}^{(t)}\Omega$的物质坐标。

显然,${}^{(t)}\Omega$至${}^{(t+\Delta t)}\Omega$的应变增量为

$$\boldsymbol{\varepsilon}_{ij} = {}^{\Delta t}_{t}\boldsymbol{\varepsilon}_{ij} = \boldsymbol{e}_{ij} + \boldsymbol{\eta}_{ij} \tag{2.6}$$

式中　$\boldsymbol{e}_{ij}$、$\boldsymbol{\eta}_{ij}$——线性、非线性应变增量。

令${}^{t}\boldsymbol{S}_{ij}$和${}^{t+\Delta t}\boldsymbol{S}_{ij}$分别表示状态${}^{(t)}\Omega$和${}^{(t+\Delta t)}\Omega$的基尔霍尔(Kirchhoff)应力张量，则由状态${}^{(t)}\Omega$至${}^{(t+\Delta t)}\Omega$的应力增量为$\boldsymbol{S}_{ij}$。${}^{(t+\Delta t)}\Omega$的Kirchhoff应力张量可表示为

$${}^{t+\Delta t}\boldsymbol{S}_{ij} = {}^{t}\boldsymbol{\tau}_{ij} + \boldsymbol{S}_{ij} \tag{2.7}$$

式中　${}^{t}\boldsymbol{\tau}_{ij}$——柯西(Cauchy)应力张量。

以t时刻为参考构形的$t+\Delta t$时刻的虚功方程为

$$\int (\delta^{t+\Delta t}\boldsymbol{\varepsilon}_{ij})\ {}^{t+\Delta t}\boldsymbol{S}_{ij}\mathrm{d}v = {}^{t+\Delta t}R \tag{2.8}$$

式中　${}^{t+\Delta t}R$——截至$t+\Delta t$时刻时已施加的总外荷载所做的外力虚功，包括体力荷载和面积荷载。

2.3　有限元方法

式(2.8)所示的积分方程一般需利用有限元方法求解，本章基于固体力学大位移理论，详细讨论了考虑膜材正交异性情况下的几何非线性膜单元和索(杆)单元的单元平衡方程，并将其组装到结构的平衡方程中。

2.3.1　膜单元

1. 基本假定

膜材一般是以聚酯长丝或玻璃纤维作为基材外涂聚合物涂层的复合材料，在计算分析时需要加以适当简化。膜单元的基本假定如下：

(1) 膜材是正交异性的。

(2) 膜结构具有几何非线性。

(3) 膜材很薄，不能抗弯、抗扭。

(4) 厚度保持不变。

2. 单元划分

因为膜结构具有复杂的造型和丰富的空间曲面形状，所以一般采用空间三角形(平面)膜单元。三角形膜单元的特点如下：

(1) 形式简单，计算方便，并且在分析中具有几何形状稳定、计算过程不易出现病态方程的特点。

(2) 不受形状限制，可拟合任意边界形状，也能就应力的变化而改变单元的几何尺寸。

(3) 三角形单元的位移函数有完整的多项式，故更能自由地选择局部坐标

系以反映材料的各向异性的特点。

(4) 由于三角形单元位移函数的次数较低,因此只适用于常应变状态,精度相对较低。

3. 形函数矩阵

位于单元局部坐标系 $1-xyz$ 中的一空间三角形膜单元123 如图2.2 所示。膜单元的每个节点只有 3 个自由度,故每个膜单元共有 3 个节点 9 个自由度。

假设膜单元内任一点的位移向量为 $\boldsymbol{f}=[u \quad v \quad w]^{\mathrm{T}}$,可用单元的节点位移向量 $\boldsymbol{\delta}_{\mathrm{e}}=[u_1 \quad v_1 \quad w_1 \quad u_2 \quad v_2 \quad w_2 \quad u_3 \quad v_3 \quad w_3]^{\mathrm{T}}$ 和该点的坐标 $[x \quad y \quad z]^{\mathrm{T}}$ 来表示,则该单元的位移函数为

$$\boldsymbol{f}=[N]\boldsymbol{\delta}_{\mathrm{e}}$$

式中

$$[N]=\frac{1}{2A}\begin{bmatrix} N_1 & 0 & 0 & N_2 & 0 & 0 & N_3 & 0 & 0 \\ 0 & N_1 & 0 & 0 & N_2 & 0 & 0 & N_3 & 0 \\ 0 & 0 & N_1 & 0 & 0 & N_2 & 0 & 0 & N_3 \end{bmatrix}$$

为膜单元的形函数矩阵,其中

$$N_1=(x_2y_3-x_3y_2)+(y_2-y_3)x+(x_3-x_2)y$$
$$N_2=(x_3y_1-x_1y_3)+(y_3-y_1)x+(x_1-x_3)y$$
$$N_3=(x_1y_2-x_2y_1)+(y_1-y_2)x+(x_2-x_1)y$$
$$A=\frac{1}{2}\begin{vmatrix} 1 & x_1 & y_1 \\ 1 & x_2 & y_2 \\ 1 & x_3 & y_3 \end{vmatrix}$$

由于单元与局部坐标系的相对位置可任意假定,因此在计算中,假设三角形单元位于 xy 平面内,并使三角形的 12 边和 x 轴重合,1 点作为局部坐标系的原点,如图 2.3 所示。

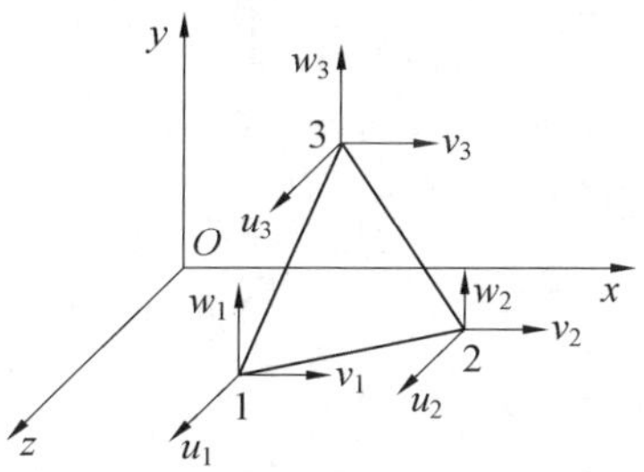

图 2.2　局部坐标系下空间膜单元

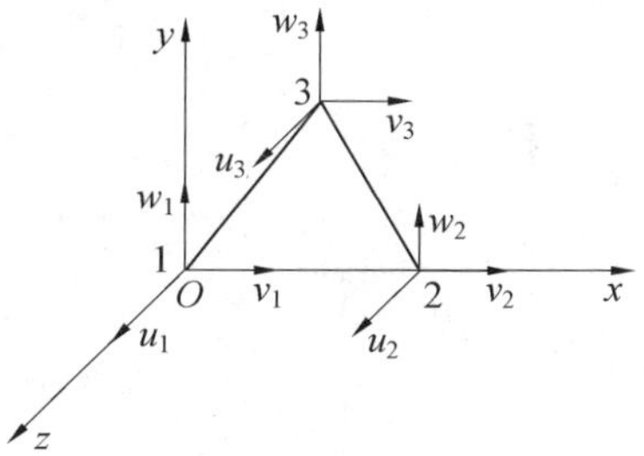

图 2.3　局部坐标系下平面膜单元

由图 2.3 可知,$x_1=0$,$y_1=0$,$y_2=0$ 且 $A=\frac{x_2y_3}{2}$。单元形函数变为

$$N_1 = x_2 y_3 - y_3 x + (x_3 - x_2) y, \quad N_2 = y_3 x + x_3 y, \quad N_3 = x_2 y$$

4. 几何方程

式(2.8) 是关于第 j 个荷载增量步的平衡方程,设在该增量步内的节点位移向量增量为

$$\Delta \boldsymbol{\delta}_{\mathrm{e}} = [\Delta u_1 \quad \Delta v_1 \quad \Delta w_1 \quad \Delta u_2 \quad \Delta v_2 \quad \Delta w_2 \quad \Delta u_3 \quad \Delta v_3 \quad \Delta w_3]^{\mathrm{T}} \tag{2.9}$$

单元内任意一点的应变为

$$\Delta \boldsymbol{\varepsilon} = [\Delta \varepsilon_x \quad \Delta \varepsilon_y \quad \Delta \gamma_{xy}] \tag{2.10}$$

根据式(2.2) 将式(2.10) 用节点位移向量增量表示为

$$\Delta \boldsymbol{\varepsilon} = \Delta \boldsymbol{\varepsilon}_{\mathrm{L}} + \Delta \boldsymbol{\varepsilon}_{\mathrm{NL}} \tag{2.11}$$

式中 $\Delta \boldsymbol{\varepsilon}_{\mathrm{L}}$—— 线性应变增量,其表达式为

$$\Delta \boldsymbol{\varepsilon}_{\mathrm{L}} = \boldsymbol{B}_{\mathrm{L}} \Delta \boldsymbol{\delta}_{\mathrm{e}} \tag{2.12}$$

其中

$$\boldsymbol{B}_{\mathrm{L}} = \frac{1}{2A} \begin{bmatrix} -y_3 & 0 & 0 & y_3 & 0 & 0 & 0 & 0 & 0 \\ 0 & x_3 - x_2 & 0 & 0 & -x_3 & 0 & 0 & x_2 & 0 \\ x_3 - x_2 & -y_3 & 0 & -x_3 & y_3 & 0 & x_2 & 0 & 0 \end{bmatrix} \tag{2.13}$$

$\Delta \boldsymbol{\varepsilon}_{\mathrm{NL}}$—— 非线性应变增量,其表达式为

$$\Delta \boldsymbol{\varepsilon}_{\mathrm{NL}} = \widetilde{\boldsymbol{B}}_{\mathrm{NL}} \Delta \boldsymbol{\delta}_{\mathrm{e}} = \frac{1}{2} \Delta \boldsymbol{A} \boldsymbol{G} \Delta \boldsymbol{\delta}_{\mathrm{e}} \tag{2.14}$$

其中

$$\Delta \boldsymbol{A} = \begin{bmatrix} \frac{\partial \Delta u}{\partial x} & \frac{\partial \Delta v}{\partial x} & \frac{\partial \Delta w}{\partial x} & 0 & 0 & 0 \\ 0 & 0 & 0 & \frac{\partial \Delta u}{\partial y} & \frac{\partial \Delta v}{\partial y} & \frac{\partial \Delta w}{\partial y} \\ \frac{\partial \Delta u}{\partial y} & \frac{\partial \Delta v}{\partial y} & \frac{\partial \Delta w}{\partial y} & \frac{\partial \Delta u}{\partial x} & \frac{\partial \Delta v}{\partial x} & \frac{\partial \Delta w}{\partial x} \end{bmatrix} \tag{2.15}$$

$$\boldsymbol{G} = \begin{bmatrix} -y_3 & 0 & 0 & y_3 & 0 & 0 & 0 & 0 & 0 \\ 0 & -y_3 & 0 & 0 & y_3 & 0 & 0 & 0 & 0 \\ 0 & 0 & -y_3 & 0 & 0 & y_3 & 0 & 0 & 0 \\ x_3 - x_2 & 0 & 0 & -x_3 & 0 & 0 & x_2 & 0 & 0 \\ 0 & x_3 - x_2 & 0 & 0 & -x_3 & 0 & 0 & x_2 & 0 \\ 0 & 0 & x_3 - x_2 & 0 & 0 & -x_3 & 0 & 0 & x_2 \end{bmatrix} \tag{2.16}$$

$$\widetilde{\boldsymbol{B}}_{\mathrm{NL}}=\frac{1}{2}\boldsymbol{B}_{\mathrm{NL}}$$

这里分别称 $\boldsymbol{B}_{\mathrm{L}}$、$\boldsymbol{B}_{\mathrm{NL}}$ 为线性和非线性应变与位移的关系矩阵。

5. 局部坐标系下的单元平衡方程

局部坐标系下膜单元的平衡方程为

$$(\overline{\boldsymbol{K}}_{\mathrm{Le}}+\overline{\boldsymbol{K}}_{\mathrm{NLe}}+\overline{\boldsymbol{K}}_{\varepsilon})\Delta\boldsymbol{\delta}_{\mathrm{e}}=\overline{\boldsymbol{R}}-\overline{\boldsymbol{F}} \tag{2.17}$$

式中　$\overline{\boldsymbol{K}}_{\mathrm{Le}}$—— 局部坐标系下膜单元线性刚度矩阵，$\overline{\boldsymbol{K}}_{\mathrm{Le}}=\int_v \boldsymbol{B}_{\mathrm{L}}^{\mathrm{T}}\overline{\boldsymbol{D}}\boldsymbol{B}_{\mathrm{L}}\mathrm{d}v$；

$\overline{\boldsymbol{K}}_{\mathrm{NLe}}$—— 局部坐标系下膜单元非线性刚度矩阵，$\overline{\boldsymbol{K}}_{\mathrm{NLe}}=\int_v \boldsymbol{G}^{\mathrm{T}}\boldsymbol{M}\boldsymbol{G}\mathrm{d}v$；

$\overline{\boldsymbol{K}}_{\varepsilon}$—— 局部坐标系下膜单元初应变刚度矩阵，$\overline{\boldsymbol{K}}_{\varepsilon}=\int_v\left(\frac{1}{2}\boldsymbol{B}_{\mathrm{L}}^{\mathrm{T}}\overline{\boldsymbol{D}}\boldsymbol{B}_{\mathrm{NL}}+\boldsymbol{B}_{\mathrm{NL}}^{\mathrm{T}}\overline{\boldsymbol{D}}\boldsymbol{B}_{\mathrm{L}}+\frac{1}{2}\boldsymbol{B}_{\mathrm{NL}}^{\mathrm{T}}\overline{\boldsymbol{D}}\boldsymbol{B}_{\mathrm{NL}}\right)\mathrm{d}v$；

$\overline{\boldsymbol{R}}$—— 局部坐标系下膜单元荷载向量，$\overline{\boldsymbol{R}}=\int_v [N]^{\mathrm{T}}\bar{p}\mathrm{d}v+\int_A [N]^{\mathrm{T}}\bar{q}\mathrm{d}A$；

$\overline{\boldsymbol{F}}$—— 局部坐标系下膜单元等效节点力向量，$\overline{\boldsymbol{F}}=\int_v \boldsymbol{B}_{\mathrm{L}}^{\mathrm{T}}\sigma\mathrm{d}v$。

由于本章采用 U. L 格式分析张拉索 - 膜结构，故初应变刚度矩阵可以忽略，则式(2.17) 变为

$$(\overline{\boldsymbol{K}}_{\mathrm{Le}}+\overline{\boldsymbol{K}}_{\mathrm{NLe}})\Delta\boldsymbol{\delta}_{\mathrm{e}}=\overline{\boldsymbol{R}}-\overline{\boldsymbol{F}} \tag{2.18}$$

由于 $\boldsymbol{G}$、$\boldsymbol{M}$、$\boldsymbol{B}_{\mathrm{L}}$、$\boldsymbol{B}_{\mathrm{NL}}$ 和 $\overline{\boldsymbol{D}}$ 均不是体积 v 的函数，且 $\int_v \mathrm{d}v=At$（A 为单元面积，可根据单元节点坐标计算得到；t 为单元厚度）故有

$$\overline{\boldsymbol{K}}_{\mathrm{Le}}=At\boldsymbol{B}_{\mathrm{L}}^{\mathrm{T}}\overline{\boldsymbol{D}}\boldsymbol{B}_{\mathrm{L}} \tag{2.19}$$

$$\overline{K}_{\mathrm{NLe}}=At\boldsymbol{G}^{\mathrm{T}}\boldsymbol{M}\boldsymbol{G} \tag{2.20}$$

$$\overline{\boldsymbol{R}}=\int_v [N]^{\mathrm{T}}\bar{p}\mathrm{d}v+\int_A [N]^{\mathrm{T}}\bar{q}\mathrm{d}A \tag{2.21}$$

$$\overline{\boldsymbol{F}}=At\boldsymbol{B}_{\mathrm{L}}^{\mathrm{T}}\boldsymbol{\sigma} \tag{2.22}$$

式中　$\overline{\boldsymbol{D}}$—— 偏轴坐标系下的弹性矩阵，其表达式在后面给出；

$\boldsymbol{M}$—— 单元应力矩阵，其表达式为

$$\boldsymbol{M}=\begin{bmatrix}\sigma_x & 0 & 0 & \tau_{xy} & 0 & 0\\ 0 & \sigma_x & 0 & 0 & \tau_{xy} & 0\\ 0 & 0 & \sigma_x & 0 & 0 & \tau_{xy}\\ \tau_{xy} & 0 & 0 & \sigma_y & 0 & 0\\ 0 & \tau_{xy} & 0 & 0 & \sigma_y & 0\\ 0 & 0 & \tau_{xy} & 0 & 0 & \sigma_y\end{bmatrix} \tag{2.23}$$

6. 坐标转换矩阵

(1) 相应的几个坐标系。

在有限元分析中,需建立结构整体坐标系 $O-XYZ$ 和单元局部坐标系 $o-xyz$;由于膜单元弹性主轴方向的坐标系与上述所建立的坐标系不同,因此,需要建立弹性主轴方向的坐标系 $o-FWz$。本书都是按照右手坐标系定义的,结构在整体坐标系下的定义如图 2.4 所示。

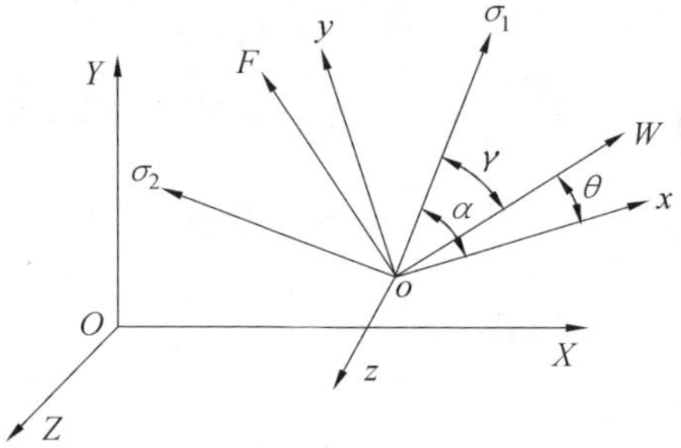

图 2.4　结构在整体坐标系下的定义示意图

(2) 整体坐标与局部坐标的转换矩阵。

前面推导了局部坐标系下膜单元的平衡方程,但结构各力学参量的求解都是在整体坐标系下进行的,因此,需将局部坐标系下的刚度矩阵、位移增量和外荷载向量转换到整体坐标系下,以得到整体坐标系下结构的平衡方程。

设三角形膜单元内任意一点在结构整体坐标系下的坐标为 $\boldsymbol{X}_{\mathrm{e}}=[X\quad Y\quad Z]^{\mathrm{T}}$,而在结构局部坐标系下的坐标为 $\boldsymbol{x}_{\mathrm{e}}=[x\quad y\quad z]^{\mathrm{T}}$。任意空间三角形膜单元位于 $x1y$ 平面内,底边位于 x 轴上,如图 2.5 所示。

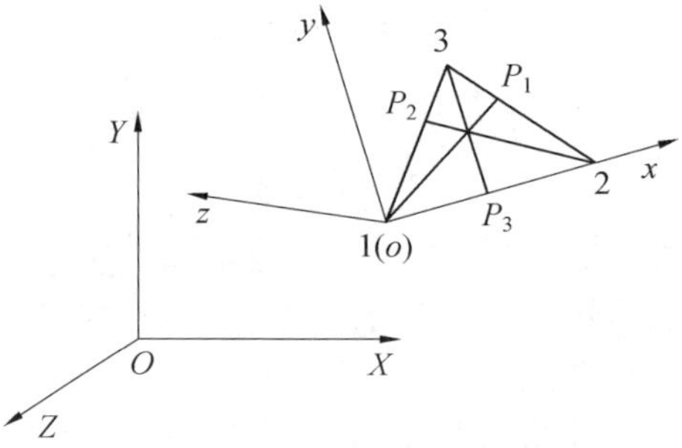

图 2.5　整体坐标系中的膜单元

下面对局部坐标系中 3 个坐标轴与整体坐标系中各坐标轴的方向余弦分别进行讨论:

① x 轴方向余弦的确定。

x 轴的方向余弦可由三角形膜单元的底边 1、2 节点的坐标确定,即

$$\boldsymbol{\lambda}_1 = \begin{bmatrix} \cos(X,x) \\ \cos(Y,x) \\ \cos(Z,x) \end{bmatrix} = \frac{1}{d_{12}} \begin{bmatrix} X_2 - X_1 \\ Y_2 - Y_1 \\ Z_2 - Z_1 \end{bmatrix} \tag{2.24}$$

其中

$$d_{12} = \sqrt{(X_2 - X_1)^2 + (Y_2 - Y_1)^2 + (Z_2 - Z_1)^2} \tag{2.25}$$

② y 轴方向余弦的确定。

从节点 3 向边 12 作垂线,垂足设为 P_3,则线 $3P_3$ 与 Y 轴平行,两者的方向余弦相同,因此只需求得线 $3P_3$ 的方向余弦便可得到 Y 轴的方向余弦。由于 P_3 点在边 12 上,因此线 $1P_3$ 的方向余弦等于 $\boldsymbol{\lambda}_1$,这样 P_3 点的坐标为

$$\begin{bmatrix} X_{P_3} \\ Y_{P_3} \\ Z_{P_3} \end{bmatrix} = \begin{bmatrix} X_1 \\ Y_1 \\ Z_1 \end{bmatrix} + d_{1P_3}\boldsymbol{\lambda}_1 \tag{2.26}$$

式中　d_{1P_3}—— 节点 1 与 P_3 点之间的距离,可由下式计算得到:

$$d_{1P_3} = \boldsymbol{\lambda}_1^{T} \begin{bmatrix} X_3 - X_1 \\ Y_3 - Y_1 \\ Z_3 - Z_1 \end{bmatrix} \tag{2.27}$$

y 轴的方向余弦为

$$\boldsymbol{\lambda}_2 = \begin{bmatrix} \cos(X,y) \\ \cos(Y,y) \\ \cos(Z,y) \end{bmatrix} = \frac{1}{d_{3P_3}} \begin{bmatrix} X_3 - X_{P_3} \\ Y_3 - Y_{P_3} \\ Z_3 - Z_{P_3} \end{bmatrix} \tag{2.28}$$

式中　d_{3P_3}—— 节点 3 与 P_3 点之间的距离,可由下式计算得到:

$$d_{3P_3} = \sqrt{(X_p - X_3)^2 + (Y_p - Y_3)^2 + (Z_p - Z_3)^2} \tag{2.29}$$

③ z 轴方向余弦的确定。

因为 z 轴与 $x1y$ 轴平面垂直,所以 z 轴的方向余弦可由 x 轴与 y 轴的方向余弦的叉积确定,其表达式为

$$\boldsymbol{\lambda}_3 = \begin{bmatrix} \cos(X,z) \\ \cos(Y,z) \\ \cos(Z,z) \end{bmatrix} = \boldsymbol{\lambda}_1 \times \boldsymbol{\lambda}_2 \tag{2.30}$$

由以上分析可得到从局部坐标系到整体坐标系的膜单元的转换矩阵 $\boldsymbol{T}_m$,即

$$\boldsymbol{T}_m = \begin{bmatrix} \boldsymbol{\lambda} & \boldsymbol{0} & \boldsymbol{0} \\ \boldsymbol{0} & \boldsymbol{\lambda} & \boldsymbol{0} \\ \boldsymbol{0} & \boldsymbol{0} & \boldsymbol{\lambda} \end{bmatrix} \tag{2.31}$$

其中

$$\boldsymbol{\lambda} = \begin{bmatrix} \boldsymbol{\lambda}_1^{\mathrm{T}} \\ \boldsymbol{\lambda}_2^{\mathrm{T}} \\ \boldsymbol{\lambda}_3^{\mathrm{T}} \end{bmatrix}$$

(3) 弹性主轴坐标与局部坐标的转换矩阵。

在膜单元的物理条件中,涉及到弹性矩阵,在此设为 $\boldsymbol{D}$。通常建立的本构关系矩阵是在弹性主轴方向的,然而在结构分析中所建立的坐标系往往与弹性主轴方向不同,因此需要得到非弹性主轴(偏轴)方向上的本构关系矩阵。

下面首先确定弹性主轴方向上的弹性矩阵 $\boldsymbol{D}$。

对于一般弹性体,单元弹性矩阵 $\boldsymbol{D}$ 可写成

$$\boldsymbol{D} = \begin{bmatrix} D_{11} & D_{12} & D_{13} & D_{14} & D_{15} & D_{16} \\ D_{21} & D_{22} & D_{23} & D_{24} & D_{25} & D_{26} \\ D_{31} & D_{32} & D_{33} & D_{34} & D_{35} & D_{36} \\ D_{41} & D_{42} & D_{43} & D_{44} & D_{45} & D_{46} \\ D_{51} & D_{52} & D_{53} & D_{54} & D_{55} & D_{56} \\ D_{61} & D_{62} & D_{63} & D_{64} & D_{65} & D_{66} \end{bmatrix} \tag{2.32}$$

对于机织平纹膜材,其经向(W)、纬向(F)和膜面法线方向 n 为材料的弹性主轴方向,且与膜材法线方向有关的应力、应变分量可以忽略,那么平面正交异性弹性膜材在弹性主轴方向上的弹性矩阵为

$$\boldsymbol{D} = \begin{bmatrix} D_{11} & D_{12} & 0 \\ D_{21} & D_{22} & 0 \\ 0 & 0 & D_{33} \end{bmatrix} \tag{2.33}$$

式中

$$D_{11} = \frac{E_{\mathrm{W}}}{1 - \nu_{\mathrm{WF}}\nu_{\mathrm{FW}}}, \quad D_{22} = \frac{E_{\mathrm{F}}}{1 - \nu_{\mathrm{WF}}\nu_{\mathrm{FW}}}, \quad D_{33} = G_{12}$$

$$D_{12} = D_{21} = \frac{\nu_{\mathrm{WF}}E_{\mathrm{F}}}{1 - \nu_{\mathrm{WF}}\nu_{\mathrm{FW}}} = \frac{\nu_{\mathrm{FW}}E_{\mathrm{W}}}{1 - \nu_{\mathrm{WF}}\nu_{\mathrm{FW}}}$$

式中 E_{W}、E_{F}—— 经向和纬向的弹性模量;

G_{12}—— 剪切模量;

ν_{WF}、ν_{FW}—— 经向引起的纬向泊松比和纬向引起的经向泊松比。

那么,膜材在弹性主轴方向上的物理方程(本构方程)可写为

$$\begin{bmatrix} S_W \\ S_F \\ S_{WF} \end{bmatrix} = \begin{bmatrix} D_{11} & D_{12} & 0 \\ D_{21} & D_{22} & 0 \\ 0 & 0 & D_{33} \end{bmatrix} \begin{bmatrix} \varepsilon_W \\ \varepsilon_F \\ \gamma_{WF} \end{bmatrix} \tag{2.34}$$

可简写成

$$\boldsymbol{S}_M = \boldsymbol{D}\boldsymbol{\varepsilon}_M \tag{2.35}$$

式中　S_W、ε_W—— 经向应力和应变；

S_F、ε_F—— 纬向应力和应变；

S_{WF}、γ_{WF}—— 剪应力和剪应变。

在确定弹性主轴方向上的本构方程后，就可以确定非弹性主轴（偏轴）方向上的本构方程。设局部坐标方向为非弹性主轴（偏轴）方向，它们之间的夹角为 θ（$-90° \leqslant \theta \leqslant 90°$，以逆时针方向为正），如图 2.4 所示，偏轴坐标系下的弹性矩阵 $\bar{\boldsymbol{D}}$ 可用主轴坐标系下的弹性矩阵 $\boldsymbol{D}$ 表示为

$$\bar{\boldsymbol{D}} = \boldsymbol{T}_S \boldsymbol{D} \boldsymbol{T}_S^T \tag{2.36}$$

式中　$\boldsymbol{T}_S$—— 主偏轴之间的应力转换矩阵。

$$\boldsymbol{T}_S = \begin{bmatrix} \cos^2\theta & \sin^2\theta & -2\sin\theta\cos\theta \\ \sin^2\theta & \cos^2\theta & 2\sin\theta\cos\theta \\ \sin\theta\cos\theta & -\sin\theta\cos\theta & \cos^2\theta - \sin^2\theta \end{bmatrix} \tag{2.37}$$

在迭代求解的过程中，偏轴坐标系下的弹性矩阵 $\bar{\boldsymbol{D}}$ 会随节点坐标的改变而改变；而主轴坐标系下的弹性矩阵 $\boldsymbol{D}$ 是由材料本身特性所确定的，不会随节点坐标的改变而改变。

7. 整体坐标系下的单元平衡方程

前面的推导都是在单元局部坐标系下进行的，需要把单元局部坐标系下定义的单元刚度矩阵、位移向量及荷载向量转换到结构整体坐标系中，最后组装成整体坐标系下结构的有限元方程。

整体坐标系下的单元平衡方程为

$$(\boldsymbol{K}_{Le} + \boldsymbol{K}_{NLe})\Delta\boldsymbol{U}_e = \boldsymbol{R}_e - \boldsymbol{F}_e \tag{2.38}$$

式中　$\boldsymbol{K}_{Le}$—— 整体坐标系下单元线性刚度矩阵，$\boldsymbol{K}_{Le} = \boldsymbol{T}_M^T \bar{\boldsymbol{K}}_{Le} \boldsymbol{T}_M$；

$\boldsymbol{K}_{NLe}$—— 整体坐标系下单元非线性刚度矩阵，$\boldsymbol{K}_{NLe} = \boldsymbol{T}_M^T \bar{\boldsymbol{K}}_{NLe} \boldsymbol{T}_M$；

$\boldsymbol{T}_M$—— 单元局部坐标系下坐标与结构整体坐标系下坐标之间的坐标转换矩阵，其表达式见式(2.31)；

$\boldsymbol{R}_e$—— 整体坐标系下单元外荷载向量；

$$\boldsymbol{R}_e = \frac{At}{3}\{0 \quad 0 \quad p \quad 0 \quad 0 \quad p \quad 0 \quad 0 \quad p\} + \frac{1}{3}\{A_x q_x \quad A_y q_y \quad A_z q_z \quad A_x q_x \quad A_y q_y \quad A_z q_z \quad A_x q_x \quad A_y q_y \quad A_z q_z\} \tag{2.39}$$

其中　p—— 整体坐标系下作用于膜单元上的体力；

A_x、A_y、A_z—— 膜单元的面积在整体坐标系中 YOZ、XOZ、XOY 面上的投影；

q_x、q_y、q_z—— 在 X、Y、Z 轴方向上的膜单元面积力。

2.3.2　索(杆) 单元

1. 形函数矩阵

由于索 - 膜结构的曲率一般不是很大，当索单元长度较短时，用直线单元来模拟也不会产生很大的误差，并且计算简单；同时，提高精度也可以通过加密单元来实现，因此采用两节点直线索单元。此单元既可以代表结构中的索单元，也可以代表一般空间桁架中的杆单元。索单元和杆单元的区别仅在于两者的受力性能不同，即索单元只能受拉不能受压，而杆单元受拉受压皆可，因此在程序编制过程中两种单元仅在弹性模量的处理方式上不同，其余分析皆相同，以下全部用索单元的称谓进行阐述。

现在考虑结构中的索单元，如图 2.6 所示。与膜单元类似，为计算方便，将直线索单元 12 置于局部坐标系 1 - xyz 中的 x 轴上。

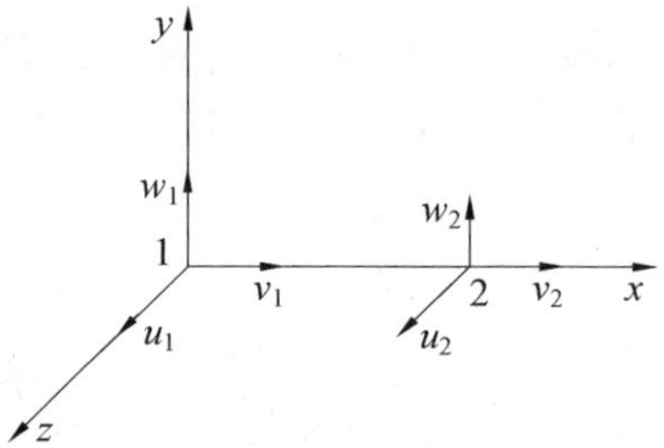

图 2.6　局部坐标系中的索单元

假设索单元内任一点的位移 $\boldsymbol{f} = [u \quad v \quad w]^{\mathrm{T}}$ 可用单元的节点位移 $\boldsymbol{\delta}_{\mathrm{e}} = [u_1 \quad v_1 \quad w_1 \quad u_2 \quad v_2 \quad w_2]^{\mathrm{T}}$ 和该点的坐标 $\boldsymbol{x}_{\mathrm{e}} = [x \quad y \quad z]^{\mathrm{T}}$ 来表示，则该单元的位移函数为

$$\begin{bmatrix} u \\ v \\ w \end{bmatrix} = \begin{bmatrix} \dfrac{x_2 - x}{x_2} & 0 & 0 & \dfrac{x}{x_2} & 0 & 0 \\ 0 & \dfrac{x_2 - x}{x_2} & 0 & 0 & \dfrac{x}{x_2} & 0 \\ 0 & 0 & \dfrac{x_2 - x}{x_2} & 0 & 0 & \dfrac{x}{x_2} \end{bmatrix} \begin{bmatrix} u_1 \\ v_1 \\ w_1 \\ u_2 \\ v_2 \\ w_2 \end{bmatrix} \tag{2.40}$$

简记为

$$\boldsymbol{f}=[N]\boldsymbol{\delta}_{\mathrm{e}} \tag{2.41}$$

式中

$$[N]=\begin{bmatrix}\boldsymbol{N}_1\\\boldsymbol{N}_2\\\boldsymbol{N}_3\end{bmatrix}=\begin{bmatrix}N_1 & 0 & 0 & N_2 & 0 & 0\\0 & N_1 & 0 & 0 & N_2 & 0\\0 & 0 & N_1 & 0 & 0 & N_2\end{bmatrix} \tag{2.42}$$

其为索单元的形函数矩阵,式中 $N_1=\dfrac{x_2-x}{x_2}$,$N_2=\dfrac{x}{x_2}$;在局部坐标系中,x_2 即为索段长度 l。

2. 几何方程

若每一迭代步内单元内任一点位移增量和节点位移增量为

$$\Delta\boldsymbol{f}=[N]\Delta\boldsymbol{\delta}_{\mathrm{e}} \tag{2.43}$$

$$\Delta\boldsymbol{\delta}_{\mathrm{e}}=[\Delta u_1\quad\Delta v_1\quad\Delta w_1\quad\Delta u_2\quad\Delta v_2\quad\Delta w_2]^{\mathrm{T}} \tag{2.44}$$

则用节点位移增量表示单元内任意一点的应变增量为

$$\Delta\boldsymbol{\varepsilon}=\frac{\partial\Delta u}{\partial x}+\frac{1}{2}\left(\frac{\partial\Delta u}{\partial x}\right)^2+\frac{1}{2}\left(\frac{\partial\Delta v}{\partial x}\right)^2+\frac{1}{2}\left(\frac{\partial\Delta w}{\partial x}\right)^2 \tag{2.45}$$

简记为

$$\Delta\boldsymbol{\varepsilon}=\Delta\boldsymbol{\varepsilon}_{\mathrm{L}}+\Delta\boldsymbol{\varepsilon}_{\mathrm{NL}} \tag{2.46}$$

式中

$$\Delta\boldsymbol{\varepsilon}_{\mathrm{L}}=\boldsymbol{B}_{\mathrm{L}}\Delta\boldsymbol{\delta}_{\mathrm{e}} \tag{2.47}$$

其中

$$\boldsymbol{B}_{\mathrm{L}}=\frac{1}{x_2}[-1\quad 0\quad 0\quad 1\quad 0\quad 0] \tag{2.48}$$

$$\Delta\boldsymbol{\varepsilon}_{\mathrm{NL}}=\frac{1}{2}\Delta\boldsymbol{A}\Delta\boldsymbol{\theta}=\frac{1}{2}(\boldsymbol{G}\Delta\boldsymbol{\delta}_{\mathrm{e}})^{\mathrm{T}}\boldsymbol{G}\Delta\boldsymbol{\delta}_{\mathrm{e}} \tag{2.49}$$

其中

$$\boldsymbol{G}=\frac{1}{x_2}\begin{bmatrix}-1 & 0 & 0 & 1 & 0 & 0\\0 & -1 & 0 & 0 & 1 & 0\\0 & 0 & -1 & 0 & 0 & 1\end{bmatrix} \tag{2.50}$$

3. 局部坐标系下的单元平衡方程

与膜单元公式的推导相类似,局部坐标系下索单元的平衡方程为

$$\int_v\boldsymbol{B}_{\mathrm{L}}^{\mathrm{T}}\boldsymbol{E}\boldsymbol{B}_{\mathrm{L}}\mathrm{d}v\Delta\boldsymbol{\delta}_{\mathrm{e}}+\int_v\boldsymbol{G}^{\mathrm{T}}\boldsymbol{M}\boldsymbol{G}\mathrm{d}v\Delta\boldsymbol{\delta}_{\mathrm{e}}=\overline{\boldsymbol{R}}-\int_v\boldsymbol{B}_{\mathrm{L}}^{\mathrm{T}}\sigma\mathrm{d}v \tag{2.51}$$

式中,矩阵 $\boldsymbol{M}$ 为

$$\boldsymbol{M}=\begin{bmatrix}\sigma & 0 & 0\\ 0 & \sigma & 0\\ 0 & 0 & \sigma\end{bmatrix} \tag{2.52}$$

由于$\boldsymbol{G}$、$\boldsymbol{M}$、$\boldsymbol{B}_{\mathrm{L}}$和$E$均不是体积$v$的函数，且$\int_v \mathrm{d}v = A_{\mathrm{C}}x_2$（$A_{\mathrm{C}}$为索单元的截面面积；$x_2$为索段长度），则式(2.51)可简写为

$$(\overline{\boldsymbol{K}}_{\mathrm{Le}}+\overline{\boldsymbol{K}}_{\mathrm{NLe}})\Delta\boldsymbol{\delta}_{\mathrm{e}}=\overline{\boldsymbol{R}}-\overline{\boldsymbol{F}} \tag{2.53}$$

其中，线性刚度矩阵$\overline{\boldsymbol{K}}_{\mathrm{Le}}$、非线性刚度矩阵$\overline{\boldsymbol{K}}_{\mathrm{NLe}}$、单元荷载向量$\overline{\boldsymbol{R}}$和等效节点荷载向量$\overline{\boldsymbol{F}}$分别为

$$\overline{\boldsymbol{K}}_{\mathrm{Le}}=\int_v \boldsymbol{B}_{\mathrm{L}}^{\mathrm{T}}E\boldsymbol{B}_{\mathrm{L}}\mathrm{d}v=\frac{A_{\mathrm{C}}E}{x_2}\begin{bmatrix}1&0&0&-1&0&0\\0&0&0&0&0&0\\0&0&0&0&0&0\\-1&0&0&1&0&0\\0&0&0&0&0&0\\0&0&0&0&0&0\end{bmatrix} \tag{2.54}$$

$$\overline{\boldsymbol{K}}_{\mathrm{NLe}}=\int_v \boldsymbol{G}^{\mathrm{T}}\boldsymbol{M}\boldsymbol{G}\mathrm{d}v=\frac{A_{\mathrm{C}}\sigma}{x_2}\begin{bmatrix}1&0&0&-1&0&0\\0&1&0&0&-1&0\\0&0&1&0&0&-1\\-1&0&0&1&0&0\\0&-1&0&0&1&0\\0&0&-1&0&0&1\end{bmatrix} \tag{2.55}$$

$$\overline{\boldsymbol{R}}=\boldsymbol{N}^{\mathrm{T}}\boldsymbol{p}A_{\mathrm{C}}x_2 \tag{2.56}$$

式中　$\boldsymbol{p}$——索单元的体力向量。

$$\overline{\boldsymbol{F}}=\int_v \boldsymbol{B}_{\mathrm{L}}^{\mathrm{T}}\sigma\,\mathrm{d}v=A_{\mathrm{C}}\sigma\begin{bmatrix}-1&0&0&1&0&0\end{bmatrix}^{\mathrm{T}} \tag{2.57}$$

4. 坐标转换矩阵

由文献[4]可知，空间直线索单元从局部坐标系到整体坐标系的转换矩阵$\boldsymbol{T}_{\mathrm{C}}$为

$$\boldsymbol{T}_{\mathrm{C}}=\begin{bmatrix}\boldsymbol{\lambda}&0\\0&\boldsymbol{\lambda}\end{bmatrix} \tag{2.58}$$

其中

$$\boldsymbol{\lambda}=\begin{bmatrix}\boldsymbol{\lambda}_1^{\mathrm{T}}\\ \boldsymbol{\lambda}_2^{\mathrm{T}}\\ \boldsymbol{\lambda}_3^{\mathrm{T}}\end{bmatrix}$$

式中　$\boldsymbol{\lambda}_1$、$\boldsymbol{\lambda}_2$、$\boldsymbol{\lambda}_3$—— 局部坐标系与整体坐标系之间的方向余弦。

下面主要确定索单元的局部坐标轴与整体坐标轴之间的方向余弦。设空间两节点索单元的局部坐标系为 $1-xyz$，整体坐标系为 $O-XYZ$，直线索单元位于局部坐标系 x 轴上，如图 2.7 所示。

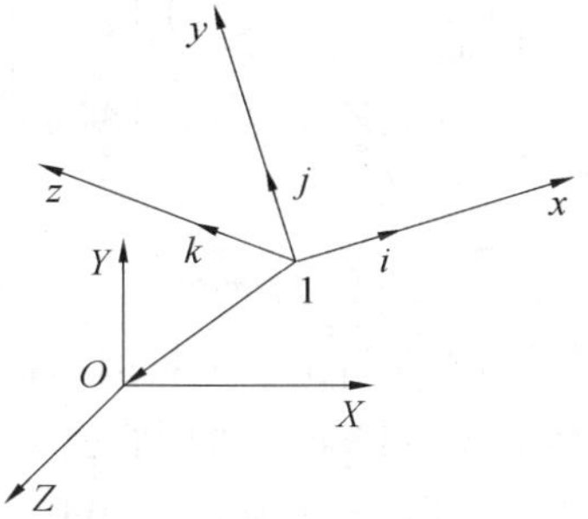

图 2.7　整体坐标系下索单元图

(1) x 轴方向余弦的确定。

x 轴方向余弦可用索单元的两节点 1、2 在整体坐标系下的坐标来确定，即

$$\boldsymbol{\lambda}_1 = \begin{bmatrix} \cos(X,x) \\ \cos(Y,x) \\ \cos(Z,x) \end{bmatrix} = \frac{1}{d_{12}} \begin{bmatrix} X_2 - X_1 \\ Y_2 - Y_1 \\ Z_2 - Z_1 \end{bmatrix} \tag{2.59}$$

其中

$$d_{12} = \sqrt{(X_2 - X_1)^2 + (Y_2 - Y_1)^2 + (Z_2 - Z_1)^2} \tag{2.60}$$

若记 $l = \cos(X,x)$，$m = \cos(Y,x)$，$n = \cos(Z,x)$，则式(2.59)可写为

$$\boldsymbol{\lambda}_1 = \begin{bmatrix} \cos(X,x) \\ \cos(Y,x) \\ \cos(Z,x) \end{bmatrix} = \begin{bmatrix} l \\ m \\ n \end{bmatrix} \tag{2.61}$$

(2) y 轴方向余弦的确定。

由于垂直于 x 轴的向量有无穷多个，为了确定 y 轴的方向，首先需要构造一个过 x 轴的平面，根据此平面的情况确定不同的 y 轴方向余弦，具体情况如下：

① 向量 $\overrightarrow{1O}$ 不是零向量（即 1 和 O 不重合）。

a. 若向量 $\overrightarrow{1O}$ 与 $\boldsymbol{i}$ 不共线，则可用 $\overrightarrow{1O}$ 与 $\boldsymbol{i}$ 构造一个平面，y 轴的方向余弦为

$$\boldsymbol{\lambda}_2 = \begin{bmatrix} \cos(X,y) \\ \cos(Y,y) \\ \cos(Z,y) \end{bmatrix} = \frac{1}{d_1} \begin{bmatrix} -mZ_1 + nY_1 \\ -nX_1 + lZ_1 \\ -lY_1 + mX_1 \end{bmatrix} \tag{2.62}$$

式中

$$d_1 = \sqrt{(-mZ_1 + nY_1)^2 + (-nX_1 + lZ_1)^2 + (-lY_1 + mX_1)^2}$$

b. 若向量$\overrightarrow{1O}$与$\boldsymbol{i}$共线，但向量$\boldsymbol{i}$与X轴不平行时，可用X轴（方向向量为[1,0,0]）和向量$\boldsymbol{i}$构造一个平面，那么y轴的方向余弦为

$$\boldsymbol{\lambda}_2 = \begin{bmatrix} \cos(X,y) \\ \cos(Y,y) \\ \cos(Z,y) \end{bmatrix} = \frac{1}{d_2}\begin{bmatrix} 0 \\ n \\ -m \end{bmatrix} \tag{2.63}$$

式中

$$d_2 = \sqrt{n^2 + m^2} \tag{2.64}$$

c. 若向量$\overrightarrow{1O}$与$\boldsymbol{i}$共线，且向量$\boldsymbol{i}$与X轴平行时，即x轴和X轴共线，则y轴的方向可取Y轴（方向向量为[0,1,0]）的方向，那么y轴的方向余弦为

$$\boldsymbol{\lambda}_2 = \begin{bmatrix} \cos(X,y) \\ \cos(Y,y) \\ \cos(Z,y) \end{bmatrix} = \begin{bmatrix} 0 \\ 1 \\ 0 \end{bmatrix} \tag{2.65}$$

② 向量$\overrightarrow{1O}$是零向量（即1和O重合）。

a. 若向量$\boldsymbol{i}$与X轴不共线时，可用X轴（方向向量为[1,0,0]）和x轴构造一个平面，那么y轴的方向向量$\boldsymbol{j}$为

$$\boldsymbol{j} = \frac{1}{d_2}\begin{vmatrix} \boldsymbol{i} & \boldsymbol{j} & \boldsymbol{k} \\ l & m & n \\ 1 & 0 & 0 \end{vmatrix} = \frac{1}{d_2}(n\boldsymbol{j} - m\boldsymbol{k}) \tag{2.66}$$

式中

$$d_2 = \sqrt{n^2 + m^2} \tag{2.67}$$

b. 若向量$\boldsymbol{i}$与X轴不共线，则y轴的方向可取Y轴的方向，那么y轴的方向余弦为

$$\boldsymbol{\lambda}_2 = \begin{bmatrix} \cos(X,y) \\ \cos(Y,y) \\ \cos(Z,y) \end{bmatrix} = \begin{bmatrix} 0 \\ 1 \\ 0 \end{bmatrix} \tag{2.68}$$

c. z轴方向余弦的确定。

在已知x轴和y轴的方向向量后，z轴的方向余弦可由两者的叉积得到，其表达式与式(2.30)相同。

5. 整体坐标系下的单元平衡方程

整体坐标系下索单元的线性刚度矩阵、非线性刚度矩阵、位移向量和单元等效节点力向量及平衡方程与膜单元的表达式相同，只有单元外荷载向量不同。单元外荷载向量只存在体力项而没有面力项，其表达式为

$$\boldsymbol{R}_e = \frac{Al}{2}[0 \quad 0 \quad p \quad 0 \quad 0 \quad p] \tag{2.69}$$

2.3.3 结构平衡方程

在求得整体坐标系下的单元刚度矩阵、荷载向量和等效节点力向量后，按照“对号入座”的方法，把单刚组装成总刚，把荷载向量和等效节点力向量组装成总荷载向量和总等效节点力向量，对于所有的单元（包括膜单元和索杆单元）组装后有限元方程的表达式为

$$(\boldsymbol{K}_L + \boldsymbol{K}_{NL})\Delta \boldsymbol{U} = \boldsymbol{R} - \boldsymbol{F} \tag{2.70}$$

式中　$\boldsymbol{K}_L$—— 结构整体坐标系下的总线性刚度矩阵；

$\boldsymbol{K}_{NL}$—— 结构整体坐标系下的总非线性刚度矩阵；

$\Delta \boldsymbol{U}$—— 结构整体坐标系下的总节点位移向量；

$\boldsymbol{R}$—— 结构整体坐标系下的总外荷载向量；

$\boldsymbol{F}$—— 总节点等效荷载向量。

得到的有限元方程是非线性有限元方程，可用牛顿 - 拉弗森（Newton - Raphson）法、修正的牛顿 - 拉弗森（Updated Newton - Raphson）法、拟牛顿法进行迭代求解，在此暂不详述。

2.4 膜片的初始形态分析方法及算例分析

2.4.1 初始形态分析方法简介

初始形态的分析目前主要依靠计算机模拟技术，包括力密度法、动力松弛法、小模量几何非线性分析方法以及一些特殊的方法，如面力密度法、受约束最小曲面法等。物理模型是初始形态分析的有益补充和工具，用肥皂泡、弹力丝绸等可确定膜面自然等应力最小曲面，准确合理、清晰直观，但将得到的空间曲面转化为工程应用比较困难。本节主要介绍力密度法、动力松弛法和几何非线性有限元法。

1. 力密度法

力密度法是由 Linkwitz 及 Schek 等提出的一种用于索网结构的初始形态分析方法，若将膜离散为等代的索网，则该方法也可用于膜结构的初始形态分析。

力密度是指索段的内力与索段长度的比值。把索网或等代的膜结构看成是由索段通过节点相连而成的。在初始形态分析时，边界点为约束点，中间点

为自由点，通过指定索段点力密度，建立并求解节点的平衡方程，可得各自由点的坐标，即索网的空间形状。不同的力密度值对应不同的外形，当外形符合要求时，由相应的力密度即可求得相应的预应力分布值。

力密度法的特点是只需求解线性方程组，计算精度能满足工程要求，在德国较为流行。著名的膜结构设计软件 EASY 就是用力密度法进行初始形态分析的。

2. 动力松弛法

动力松弛法是一种求解非线性问题的数值方法，最早将这种方法用于索网结构的是 Day 和 Bunce，而 Barnes 从 20 世纪 70 年代以来的系列研究工作成功地将这一方法发展应用于索网和膜结构的初始形态分析。

动力松弛法从空间和时间两方面将结构体系离散化。空间上的离散化是将结构体系离散为单元和节点，并假定其质量集中于节点上。如果在节点上施加激振力，节点将产生振动，由于阻尼的存在，振动将逐步减弱，最终达到静力平衡。时间上的离散化正是针对节点的振动过程而言的。具体来说，先将初始状态的节点速度和位移设置为零，在激振力作用下，节点开始振动，跟踪体系的动能，当体系的动能达到极值时，将节点速度设置为零；跟踪过程重新开始，直到不平衡力为极小，达到新的平衡。

动力松弛法的特点是不需要形成结构的总体刚度矩阵，在初始形态分析过程中，可修改结构的拓扑和边界条件，计算可以继续并得到新的平衡状态，该方法用于求解给定边界条件下的平衡曲面。

3. 几何非线性有限元法

Haug 和 Powell 在 1971 年提出了一种基于 Newton - Raphson 非线性迭代的索网结构初始形态分析方法。从一个勾画出的初始几何开始，通过改变索的预应力或者索段的原始长度并经过迭代，可得到相应的形状。Argyris 等则在 1974 年提出了一种从平面状态开始的初始形态分析方法，通过逐步改变控制点的坐标并经平衡迭代，求得相应的形状。

以固体力学大位移理论为基础的有限元法初始形态分析现在已成为较普遍的膜结构初始形态分析方法，尽管有不同的名称，但其基本算法不外乎上述两种，即从初始几何开始迭代和从平面状态开始迭代。显然，从初始几何开始迭代初始形态分析比从平面状态开始来得有效，且所选用的初始几何越是接近平衡状态，计算收敛越快。但初始几何的选择并非容易之事，因此，现应用较多的方法为从平面状态开始迭代。从平面状态开始迭代初始形态分析的基本过程：首先在边界条件所界定的投影平面图上划分有限元网格，并施加成形态时的目标预应力值;然后提升支座节点产生刚体位移至目标坐标,得到结构的空间几何形状。为了使预应力值在支座提升的过程中保持不变,需在迭代过程中不断对应力 $\boldsymbol{\sigma}$ 进行修正,因此实际上相当于仅利用了力的平衡方程而放弃了变形协调条件和材料的本构关系,通常采用小弹性模量或者略去刚度矩阵中的线性部分。荷载在此阶段也应忽略。

2.4.2 膜片初始形态分析时的平衡方程

根据上述数学构思,需对张拉式膜结构的平衡方程进行修改,即在结构大位移和大变形的过程中膜结构的应力大小始终为初始预应力,不考虑材料本构关系的影响,并且忽略结构的自重和外荷载。因此,式(2.70) 所示的结构平衡方程为

$$\boldsymbol{K}_{\mathrm{NL}}\Delta\boldsymbol{U} = -\boldsymbol{F} \tag{2.71}$$

式中,非线性刚度矩阵的表达式为

$$\boldsymbol{K}_{\mathrm{NL}} = \sum_{i=1}^{n}\boldsymbol{K}_{\mathrm{NLe}i} = \sum_{i=1}^{n}\boldsymbol{T}_i^{\mathrm{T}}\int_v \boldsymbol{G}_i^{\mathrm{T}}\boldsymbol{M}_{\mathrm{e}}\boldsymbol{G}_i\mathrm{d}v\boldsymbol{T}_i \tag{2.72}$$

式中　$\boldsymbol{K}_{\mathrm{NL}}$—— 非线性刚度矩阵;

$\boldsymbol{T}_i$—— 局部坐标系到整体坐标系的单元转换矩阵,其表达式分别见式(2.31) 和式(2.58);

$\boldsymbol{G}_i$—— 其表达式分别见式(2.16) 和式(2.50);

$\boldsymbol{M}_{\mathrm{e}}$—— 膜单元、索单元的应力矩阵,

$$\boldsymbol{M}_{\mathrm{e}}^{\mathrm{m}} = \begin{bmatrix} \sigma_x & 0 & 0 & \tau_{xy} & 0 & 0 \\ 0 & \sigma_x & 0 & 0 & \tau_{xy} & 0 \\ 0 & 0 & \sigma_x & 0 & 0 & \tau_{xy} \\ \tau_{xy} & 0 & 0 & \sigma_y & 0 & 0 \\ 0 & \tau_{xy} & 0 & 0 & \sigma_y & 0 \\ 0 & 0 & \tau_{xy} & 0 & 0 & \sigma_y \end{bmatrix} \tag{2.73}$$

$$\boldsymbol{M}_{\mathrm{e}}^{\mathrm{c}} = \begin{bmatrix} \sigma & 0 & 0 \\ 0 & \sigma & 0 \\ 0 & 0 & \sigma \end{bmatrix} \tag{2.74}$$

式中　$\boldsymbol{F}$—— 等效荷载向量,其表达式为

$$\boldsymbol{F} = \sum_{i=1}^{n}\boldsymbol{F}_{\mathrm{e}i} = \sum_{i=1}^{n}\boldsymbol{T}_i^{\mathrm{T}}\int_v \boldsymbol{B}_{\mathrm{L}i}^{\mathrm{T}}\boldsymbol{\sigma}_{\mathrm{e}}\mathrm{d}v\boldsymbol{T}_i \tag{2.75}$$

式中　$\boldsymbol{T}_i$—— 局部坐标系到整体坐标系到单元转换矩阵,其表达式分别见式(2.31) 和式(2.58);

$\boldsymbol{B}_{\mathrm{L}i}$—— 表达式分别见式(2.13)和式(2.48)；

$\boldsymbol{\sigma}_{\mathrm{e}}$—— 膜单元、索单元的应力向量，分别为

$$\boldsymbol{\sigma}_{\mathrm{e}}^{\mathrm{m}}=\begin{bmatrix}\sigma_x\\ \sigma_y\\ \tau_{xy}\end{bmatrix}=\boldsymbol{T}_{\mathrm{S}}^{\mathrm{T}}\begin{bmatrix}\sigma_{x0}\\ \sigma_{y0}\\ \tau_{xy0}\end{bmatrix} \tag{2.76}$$

$$\boldsymbol{\sigma}_{\mathrm{e}}^{\mathrm{c}}=\boldsymbol{\sigma}_0 \tag{2.77}$$

式中　σ_{x0}、σ_{y0}、τ_{xy0}—— 施加于膜面的初始预应力；

σ_0—— 索单元的初始预应力；

$\boldsymbol{T}_{\mathrm{S}}$—— 主偏轴之间的应力转换矩阵，其表达式见式(2.63)。

当直接求解式(2.71)时，由于非线性刚度矩阵可能出现奇异，从而造成解的漂移，传统做法为考虑线性刚度矩阵，将材料常数取为很小的值（一般为真实材料的 $10^{-3}\sim10^{-6}$ 倍），则式(2.71)写成

$$(\boldsymbol{K}'_{\mathrm{L}}+\boldsymbol{K}_{\mathrm{NL}})\Delta\boldsymbol{U}=-\boldsymbol{F} \tag{2.78}$$

这里引入线性刚度矩阵仅是数值计算的技巧处理，并不具有真实的物理意义，因此在初始形态分析过程中，认为弹性主轴方向不变。

2.4.3　非线性方程组的解法

式(2.78)中 $\boldsymbol{K}_{\mathrm{NL}}$ 和 $\boldsymbol{F}$ 不是常数矩阵和矢量，它们与结构的位移有关，则方程组为非线性方程组。非线性方程组一般不可以直接求解，通常以一系列线性代数方程组去逼近，因此求解要复杂、耗时得多。不同线性逼近方法对应不同的非线性方程组求解方法。目前常用的非线性方程组求解方法有直接迭代法、牛顿法（也称 Newton - Raphson 法，简称 N - R 法）、修正的牛顿法（简称 mN - R 法）、拟牛顿法、载荷增量法和弧长法等。

非线性方程组迭代求解的总计算效率不仅与迭代的计算效率有关，还与收敛速度有关，若收敛速度慢，则需要更多的迭代次数，因此，根据膜材和索的受力特点，本书采用牛顿法求解。

牛顿法的迭代方程为

$$\begin{cases}(\boldsymbol{K}_{\mathrm{L}}^{k}+\boldsymbol{K}_{\mathrm{NL}}^{k})\Delta\boldsymbol{U}=-\boldsymbol{F}^{k}\\ \boldsymbol{U}^{k+1}=\boldsymbol{U}^{k}+\Delta\boldsymbol{U}^{k}\end{cases} \tag{2.79}$$

2.4.4　初始形态分析的非线性有限元方法

1. 支座位移提升法

如前所述，如果所求的最终曲面形状比较复杂，事先不易确定空间曲面的

节点坐标,则可采用一般的方法来确定膜片的初始预张力状态。其步骤如下:

(1)假设膜片的初始位置,为实际操作简便,一般取膜片的平面投影形状(即具有相应周界的平面膜片)作为初始状态,划分有限元网格,建立结构平衡方程,引入初始张拉应力系统。

(2)分段提升若干控制点(一般为膜片的某些支撑点)抬高到规定的位置,形成所寻求的最终状态。此法由平面状态过渡到实际状态,经历的位移是很大的,膜片结构要发生很大的变形,因而这一过程具有很强的几何非线性。为了保证计算的精度,这一过程应分步进行计算,即将膜片从平面状态开始分若干次逐步提升到规定的位置,其目的是为了避免迭代发散,所需的步数根据实际需要确定。

2. 近似曲面逼近法

近似曲面逼近法法又称为节点平衡法,其实质是一种曲面拟合的方法。这种方法是在初始形态分析前控制节点已在建筑要求的位置前提下,用B样条曲面、Coons曲面和Bezier曲面等拟合后的膜曲面并赋予预应力,寻求结构的平衡状态,进行膜片的初始形态分析。此方法较支座位移法简便且近似效率高,但近似曲面逼近法计算膜片初始平衡态的结果是否收敛与给定膜片的初始几何关系相当大,当所选择的初始几何较为接近初始平衡态时,才能保证结构初始形态分析迭代计算的收敛性。

3. 自平衡迭代法

初始形态分析的目的是找到确定预张力状态下的膜曲面,至于通过什么方式达到这一最终状态并不重要。因此,从平面形状开始的支座提升过程,只不过是一种虚拟的计算手段,这一过程的变形协调条件事实上是无关紧要的,所以实际计算中常常将材料的弹性模量取实际值的1/1 000左右,即把膜看成柔性且能自由变形的材料,这就是小弹性模量法。可以看出,运用小弹性模量法进行支座提升后得到的膜曲面并不是膜片的真实形态,因此可以综合运用支座位移提升法和节点平衡法进行结构的计算。具体而言,就是采用小弹性模量法,通过支座位移提升法得到结构的最小曲面,在此结构几何位形基础之上重新设置结构真实的材料常数和预应力分布,并进行自平衡迭代求解,当前后迭代步的计算差值在设定的容差范围内便可终止求解,此时的曲面形态为真实的形态。

2.4.5　非线性有限元法程序流程图

(1) 支座位移提升法。

支座位移提升法程序流程图如图 2.8 所示。

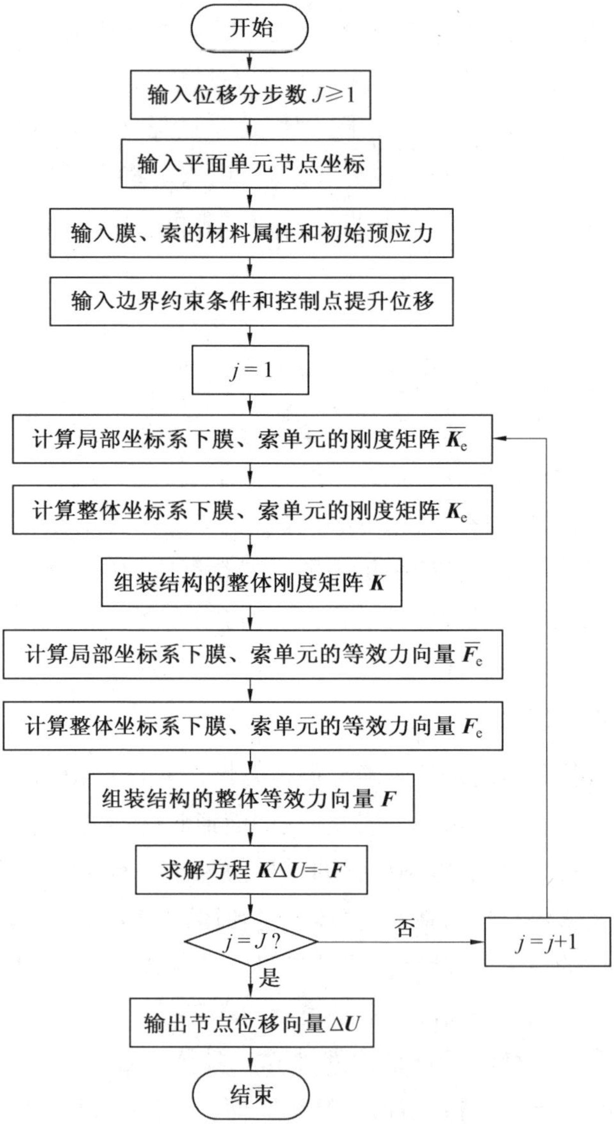

图 2.8　支座位移提升法程序流程图

(2) 自平衡迭代法。

自平衡迭代法程序流程图如图 2.9 所示。

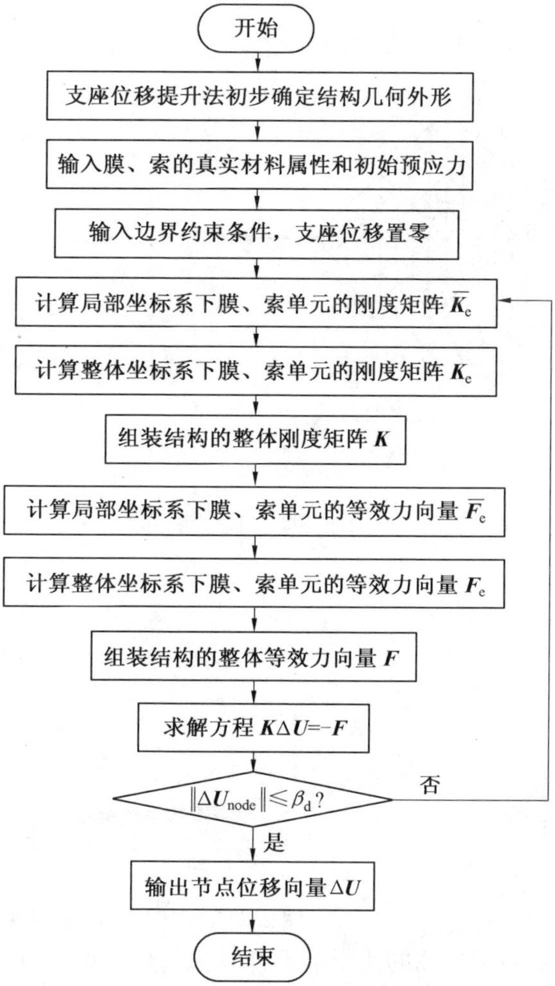

图 2.9　自平衡迭代法程序流程图

根据以上理论分析，本书编制了适用于纯膜结构和索膜组合结构的形态分析程序。为了验证本程序的正确性，选用有理论解的曲面算例对纯膜结构的程序进行对比分析，并用膜结构专用设计软件 EASY 对索膜组合结构进行验证。通过对比分析可以看出，本书的理论方法和编制的程序是正确的。

2.4.6　算例分析

【算例 2.1】　双曲抛物面纯膜结构。平面结构的几何尺寸如图 2.10 所示；计算点编号（取 1/4 网格）如图 2.11 所示；菱形平面的双曲抛物面纯膜结构成形后的曲面如图 2.12 所示。膜面的初始预应力 $\sigma_x = \sigma_y = 2\ \text{N/mm}^2$。

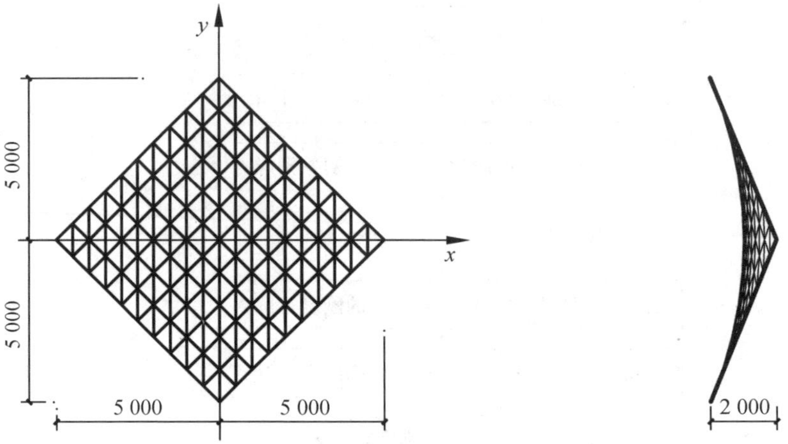

(a) 平面图　　(b) 侧视图

图 2.10　菱形平面的双曲抛物面纯膜结构(单位:mm,下同)

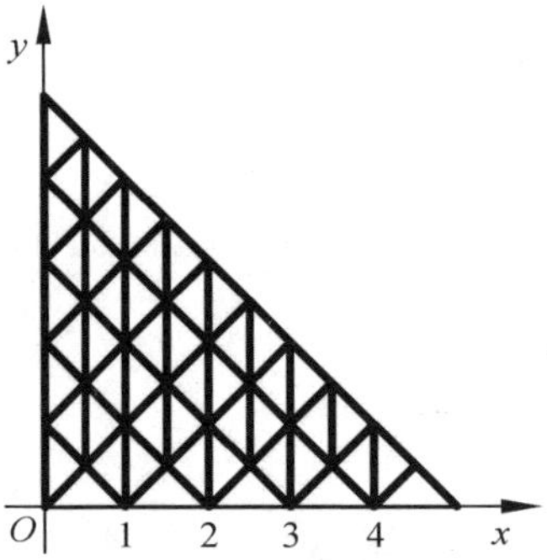

图 2.11　计算点编号

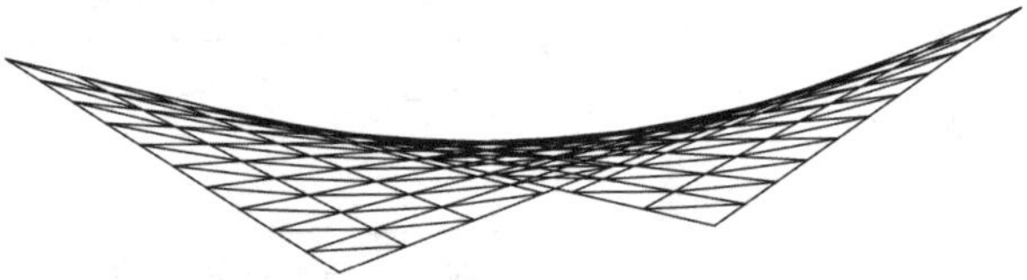

图 2.12　结构成形后的曲面

取菱形平面的双曲抛物面的 4 个节点计算值与理论值进行比较,比较结果见表 2.1。由表 2.1 可以看出,本书所编制程序生成的节点坐标与理论值相差很小,最大误差为 -1%,这说明本书所编制的形态分析的程序是可靠的。

表 2.1　本书数值与理论值对比结果

节点	x/mm	y/mm	z(计算值)/mm	z(理论值)/mm	误差/%
1	999.96	$3.883\ 7\times10^{-4}$	39.6	40.0	-1.0
2	1 999.9	$7.573\ 6\times10^{-4}$	158.6	160.1	-0.94
3	2 999.8	$1.096\ 7\times10^{-3}$	357.9	360.1	-0.61
4	3 999.5	$8.746\ 9\times10^{-4}$	638.5	640.1	-0.25

【算例 2.2】 双曲抛物面索膜组合结构。以柔性索为 4 条边界的索膜结构如图2.13所示。膜面的初始预应力 $\sigma_x=\sigma_y=2\ \mathrm{N/mm^2}$,4 条边索的初始预张力为 30 kN。用本书编制的程序和德国膜结构专用设计软件 EASY 分别进行计算,得到角点的支反力的对比结果见表 2.2。

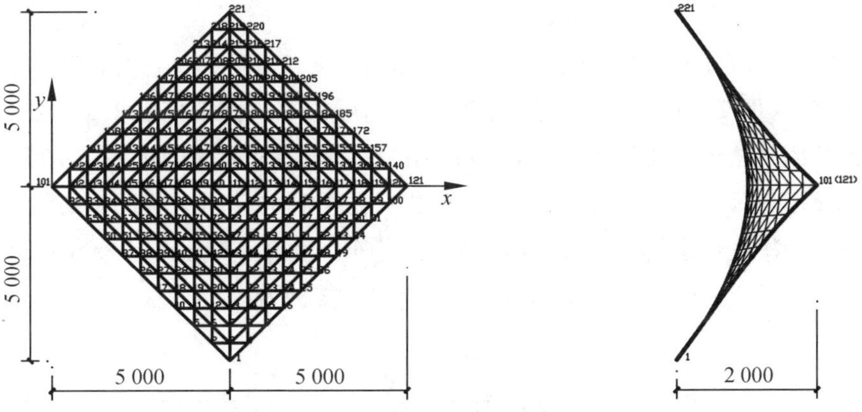

图 2.13　菱形平面的双曲抛物面索膜组合结构

表 2.2　本书数值与理论值对比结果

约束点	x 轴方向支反力		y 轴方向支反力		z 轴方向支反力	
	EASY	本书程序	EASY	本书程序	EASY	本书程序
221	0	0	46.05	45.61	31.18	30.94
1	0	0	-46.05	-45.61	31.18	30.94
101	-46.05	-45.61	0	0	-31.18	-30.94
121	46.05	45.61	0	0	-31.18	-30.94

由表2.2可知,本书计算程序与EASY计算结果相差不大,两者之间的误差分别为0.96% 和0.77%,因此本程序的可靠性进一步被证实。

在膜结构中,最小曲面稳定性最好,膜面几何最光滑,膜材的工程造价最低,因此,膜片初始形态分析时往往在达到建筑效果的前提下以寻求最小曲面为原则。微分几何学意义上的最小曲面即为结构上的等应力曲面,即寻求最小曲面就是等应力曲面初始形态分析。以上两道例题均采用支座位移提升法进行计算,但找到的并不是真实的等应力曲面,而自平衡迭代法由于考虑了材料的真实属性,所以可以找到真实的等应力曲面,以下通过两道算例来验证。

【算例 2. 3】 悬链面纯膜结构。悬链面为一理想的等应力曲面,是由悬链线绕 z 轴旋转得到的等应力负 Gauss 曲率旋转面。正悬链面(图 2. 14)的基本方程为

$$z = -a[\ln(r_0 + \sqrt{r_0^2 - a^2}) - \ln a] + h \tag{2.80}$$

式中,$r_0 = \sqrt{x^2 + y^2}$ 且 $r_0 \geqslant a$。

本题中取 $a = 5\ 000$ mm,$r_0 = 27\ 780$ mm,$h = 12\ 000$ mm。由这三个数据可得悬链面(图 2. 15、图 2. 16)的数值解,其与解析解的比较见表 2. 3。由于运用小弹性模量法进行支座提升后得到的膜曲面并不是膜片的真实形态,因此为了进行成形态预应力的比较,将支座位移提升法得到的膜曲面赋予真实的材料属性进行一次迭代求解,得到的曲面预应力分布如图 2. 17 所示;自平衡迭代法得到的曲面预应力分布如图 2. 18 所示,两者的比较见表 2. 4。

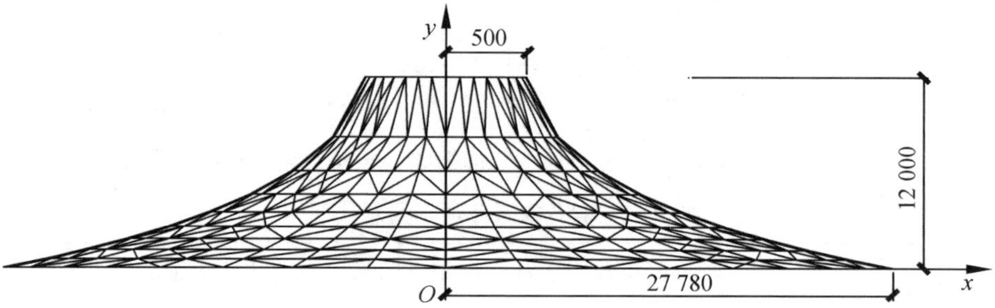

图 2. 14　悬链面纯膜结构

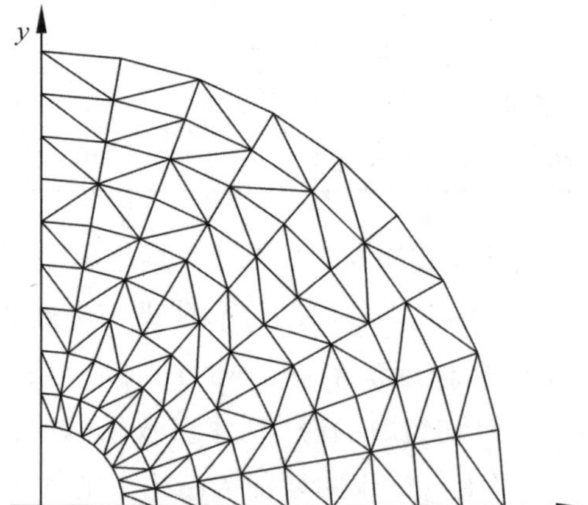

图 2. 15　计算点编号

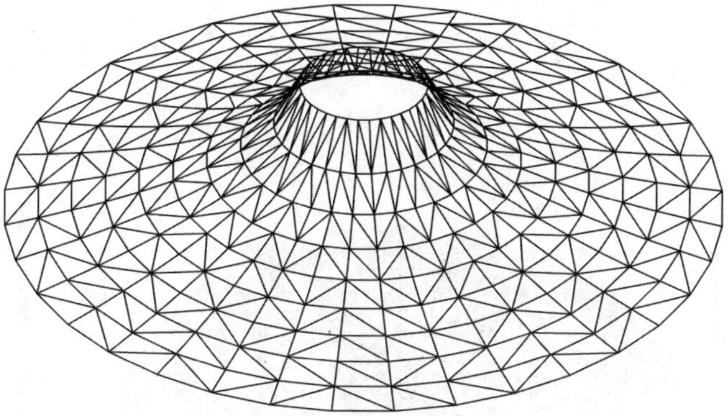

图 2.16　结构成形后的曲面

表 2.3　本书数值与理论值对比结果

节点	r/mm	z(理论值)/mm	z(计算值)/mm	误差/%
1	5 285	10 319	10 346	0.26
2	6 162	8 654	8 680	0.30
3	7 762	6 961	6 986	0.36
4	10 303	5 244	5 269	0.47
5	13 690	3 674	3 696	0.60
6	17 276	2 443	2 460	0.69
7	20 894	1 457	1 468	0.75
8	24 389	664	669	0.75

表 2.4　支座位移提升法与自平衡迭代法得到的曲面预应力对比结果 N/mm²

不同方法	x 方向预应力值			y 方向预应力值		
	max	min	差值	max	min	差值
支座位移提升法	2.359	1.783	0.576	2.363	1.783	0.580
自平衡迭代法	2.001	1.998	0.003	2.001	1.998	0.003

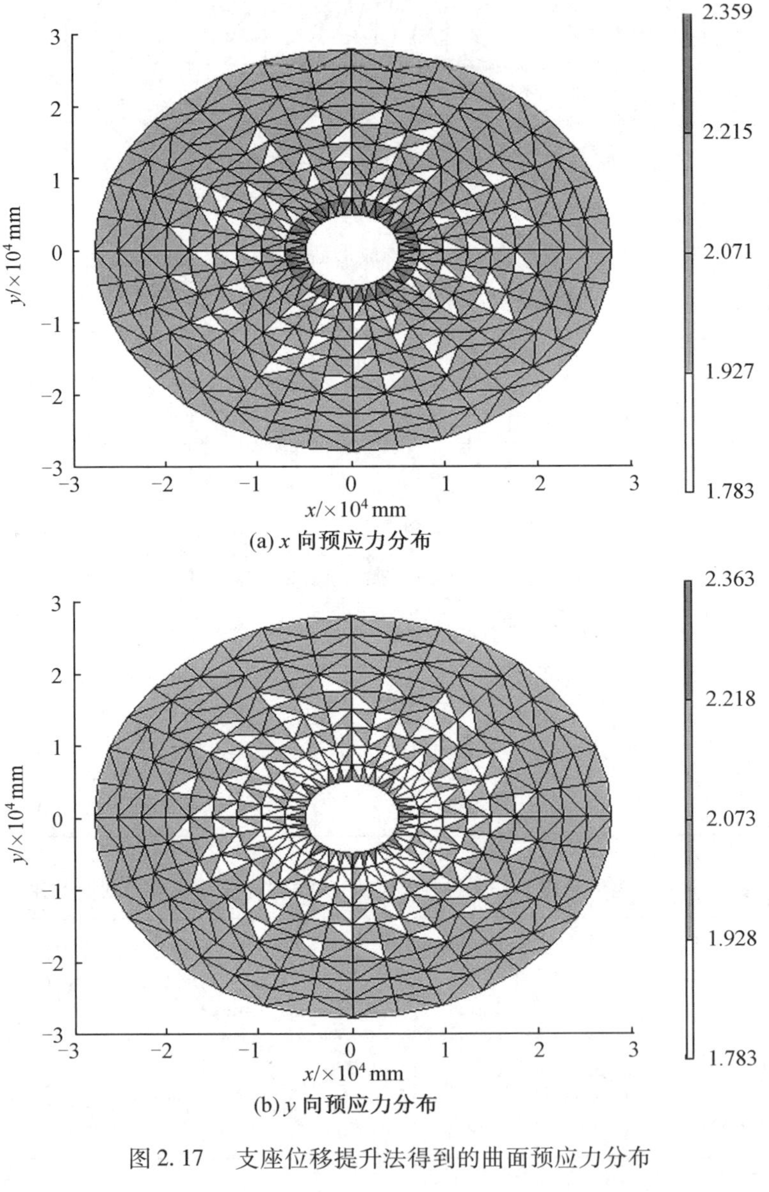

图 2.17　支座位移提升法得到的曲面预应力分布

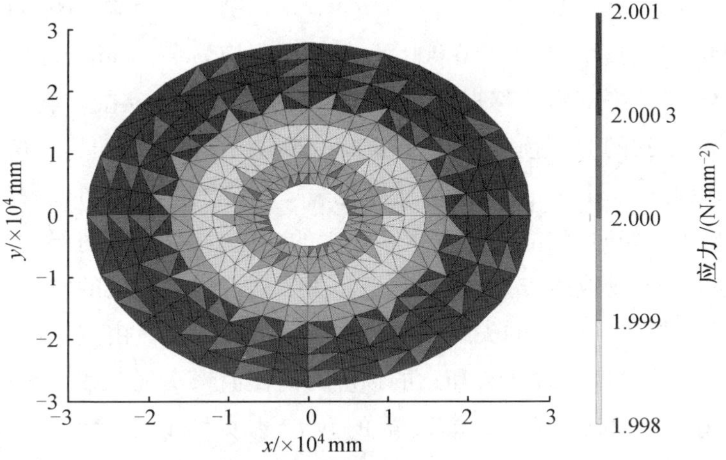

(a) x 向预应力分布

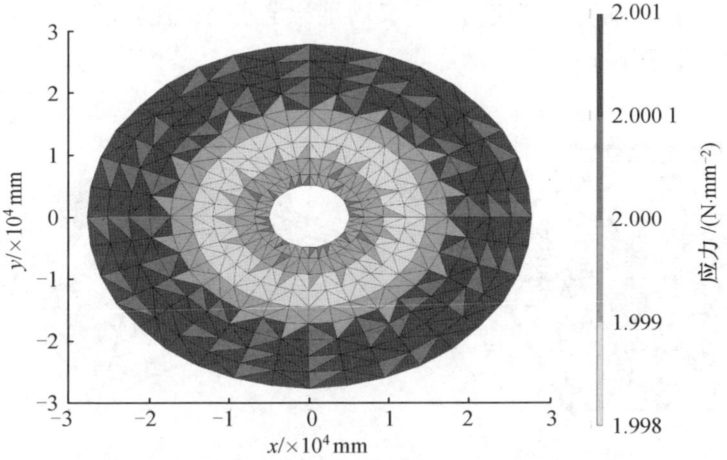

(b) y 向预应力分布

图 2.18　自平衡迭代法得到的曲面预应力分布

【算例 2.4】 伞形索膜组合结构。一以柔性索作为边界的平面六边形伞形索膜组合结构如图 2.19 所示。其六边形外接圆半径为 6 000 mm,中心钢环半径为 500 mm,中央顶升高度为 4 000 mm,模型边界布置六根边索,内部布置六根脊索。膜材预应力 $\sigma_x = \sigma_y = 2\ \text{N/mm}^2$,张拉刚度 $Et = 255\ \text{N/mm}^2$;脊索预拉力为 3 000 N,边索预拉力为 6 000 N,截面面积均为 67.4 mm^2,弹性模量 $E = 2 \times 10^5\ \text{N/mm}^2$。将支座位移提升法得到的膜曲面赋予真实的材料属性进行一次迭代求解,得到的曲面预应力分布如图 2.20 所示;自平衡迭代法得到的曲面预应力分布如图 2.21 所示,两者的比较见表 2.5。由图 2.21 可以看出,当膜表面预应力趋于均匀时,索的边界发生了很大的变化,如果支座角部过窄,则角部膜材受力过大,容易撕裂,造成安全隐患。为了杜绝这一现象的发生,应该在膜片初始形态分析之前由索的矢跨比初步确定索的张力值。由文献[4]可知,结构形状的改变可以通过改变膜和索的预应力的比值来实现。如在本算例中,在膜的预应力不变的前提下,将边索的预应力分别改为 59.35 N/mm^2 和 118.69 N/mm^2,则结构的边界(图 2.22、图 2.23)分别变陡和变平坦。根据以上分析,本书将对既满足等应力曲面又满足给定索矢跨比要求的膜片中索初始张力的确定进行分析。

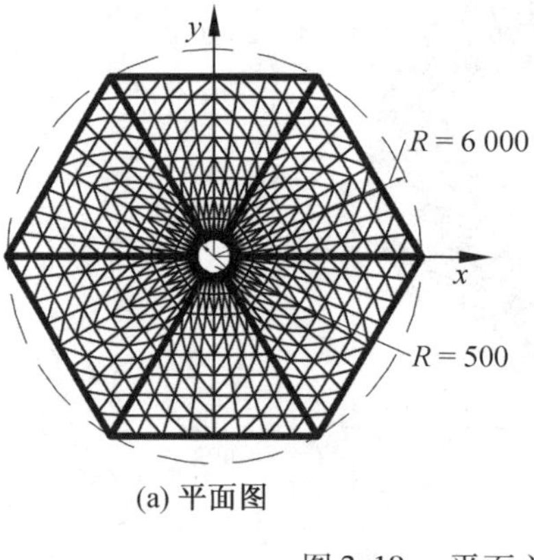

(a) 平面图

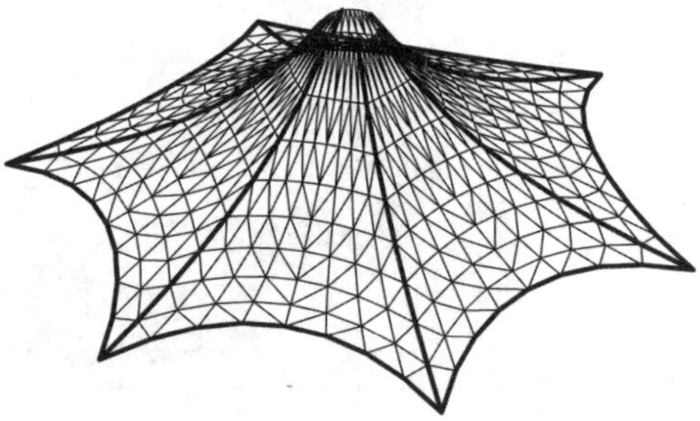

(b) 结构成形图

图 2.19 平面六边形伞形索膜组合结构

表 2.5 支座位移提升法与自平衡迭代法得到的曲面预应力对比 N/mm^2

不同方法	x 方向预应力值			y 方向预应力值		
	max	min	差值	max	min	差值
支座位移提升法	2.240	0.768 8	1.471	2.101	0.753 3	1.348
自平衡迭代法	2.000	1.833	0.167	1.999	1.806	0.193

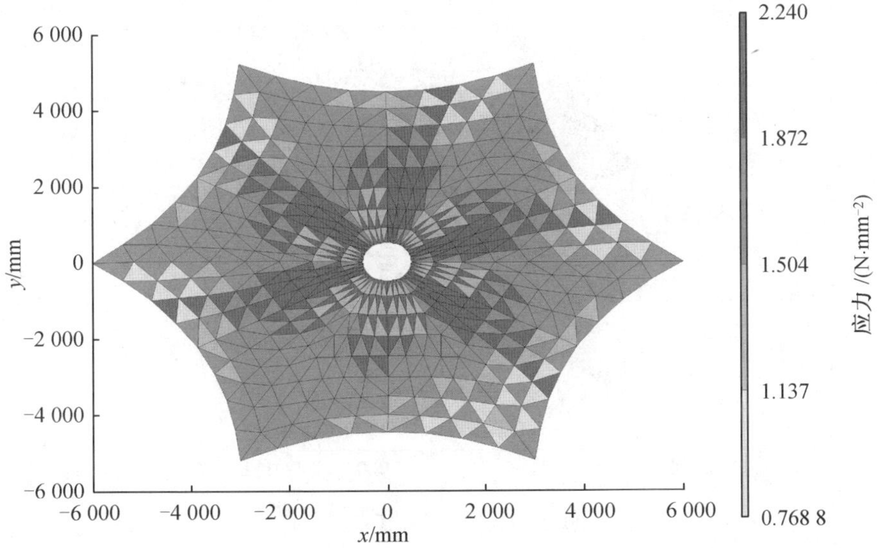

(a) x 方向预应力分布图

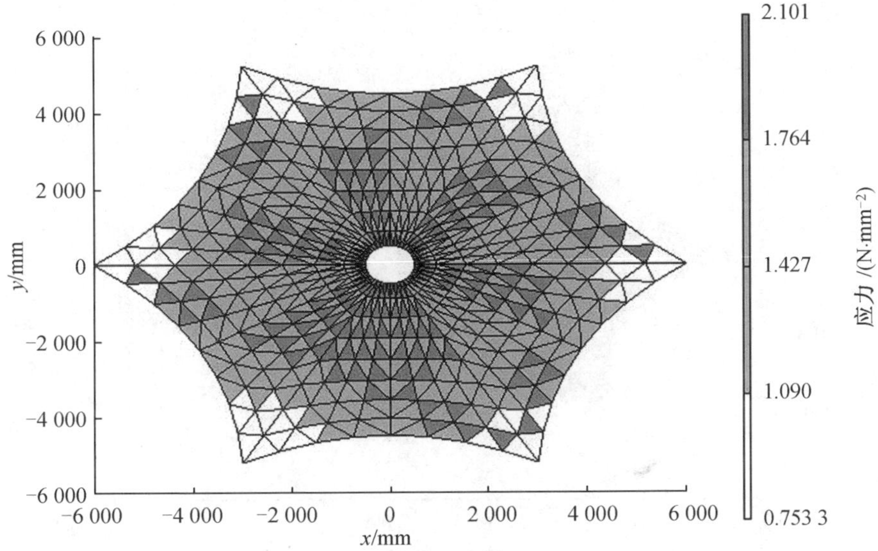

(b) y 方向预应力分布图

图 2.20　支座位移提升法得到的曲面预应力分布图

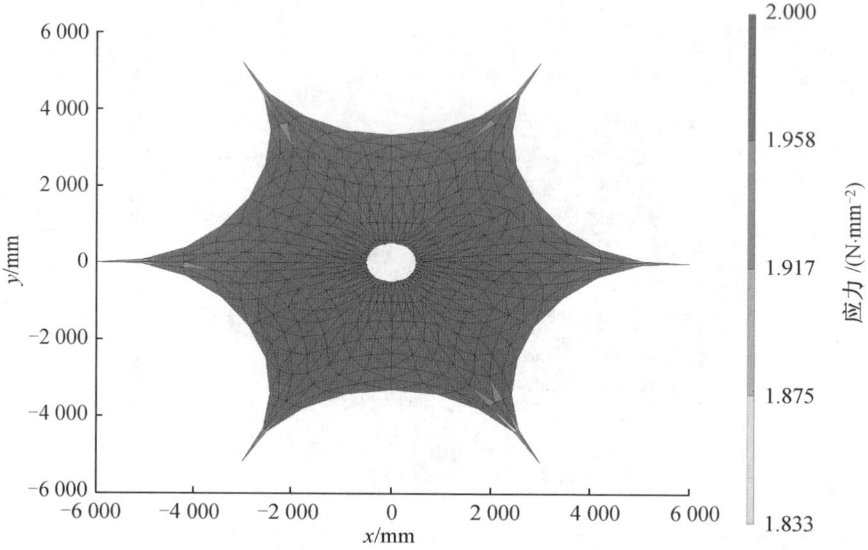

(a) x 方向预应力分布图

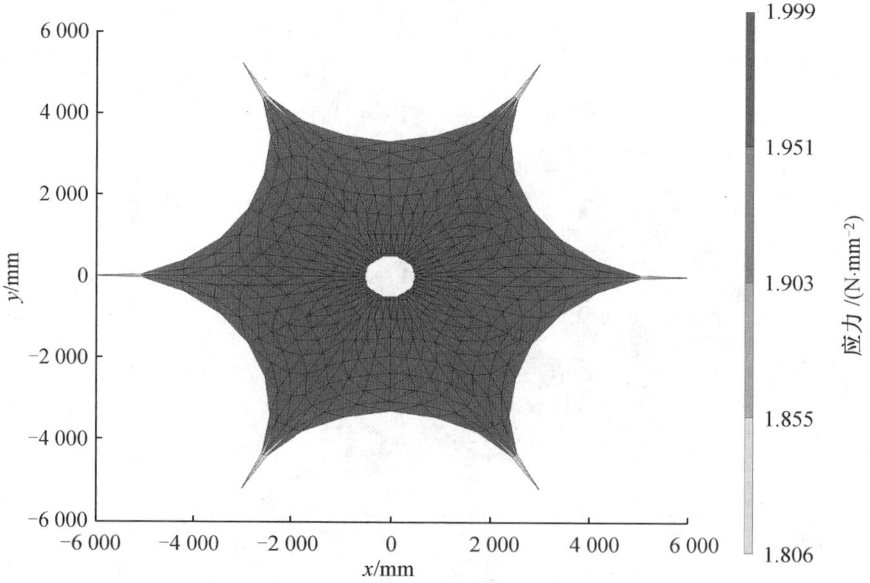

(b) y 方向预应力分布图

图 2.21　自平衡迭代法得到的曲面预应力分布图

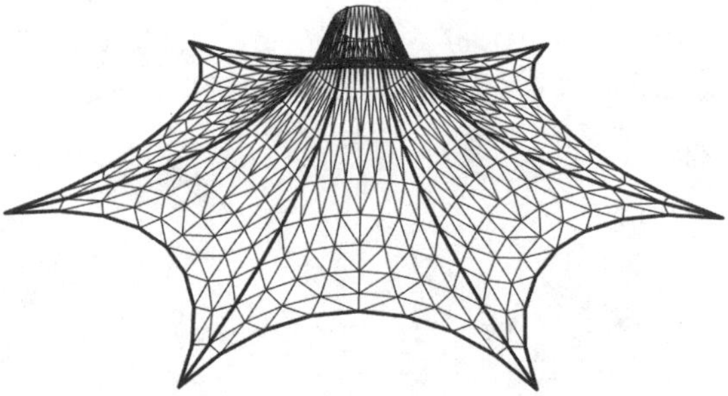

图 2.22　减小边索预应力结构成形图

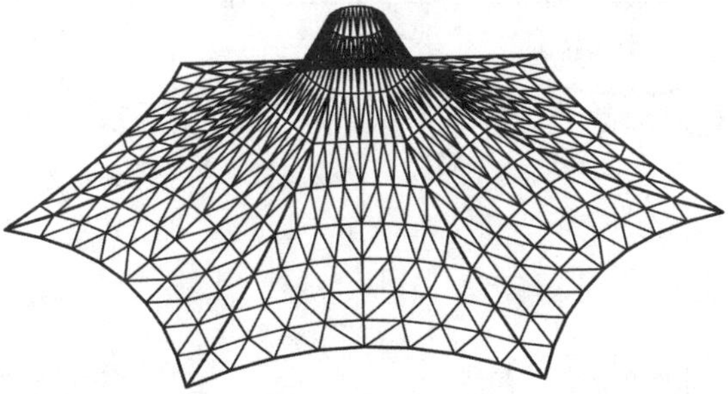

图 2.23　增大边索预应力结构成形图

2.4.7　基于等应力曲面的膜片中索初始内力的确定

膜片初始形态分析时,膜初始应力和索初始应力的分布及其关系极大地影响了曲面的形状。因为在确定的几何边界下,不同的预应力分布对应了不同的膜曲面造型。为达到建筑师要求的曲面形状,经常要多次调整索和膜中的初始预应力。若初步设定的预应力状态与最终状态差异较大,则大大增加了分析的时间,甚至初始形态分析难以收敛。为了节约初始形态的分析时间,在已知膜片中索矢跨比的前提下,基于等应力曲面的条件,本书将对索初始张力的确定进行分析。

由于膜片中的索可分为边索和内索,下面对膜片中不同类型的索初始张力的确定进行分析。

1. 边索

边索指在膜边一边有一次膜材而另一边没有一次膜材的索(图 2.24)。由于索和膜都不考虑抗弯刚度和剪切刚度,因此在等应力曲面中,膜主拉应力垂直于边索,且边索应力均匀,膜内应力也均匀。任取一段边索,由于曲线的形状与坐标系的选取无关,因此可将连接边索两个端点的直线方向作为 x 轴,曲线垂度方向作为 z 轴,其计算简图如图 2.25 所示。

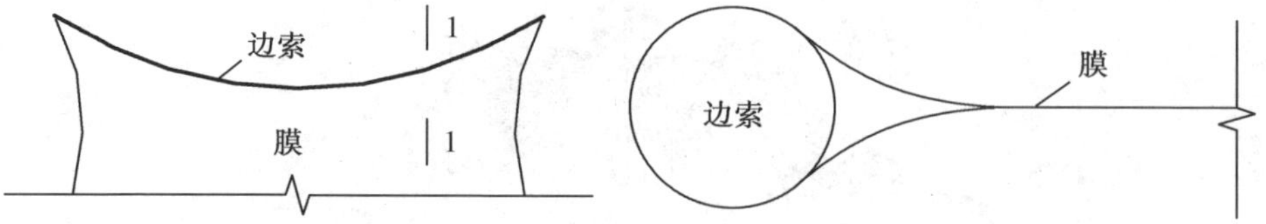

(a) 边索和膜的位置图　　(b) 1—1 剖面图

图 2.24　边索模型图

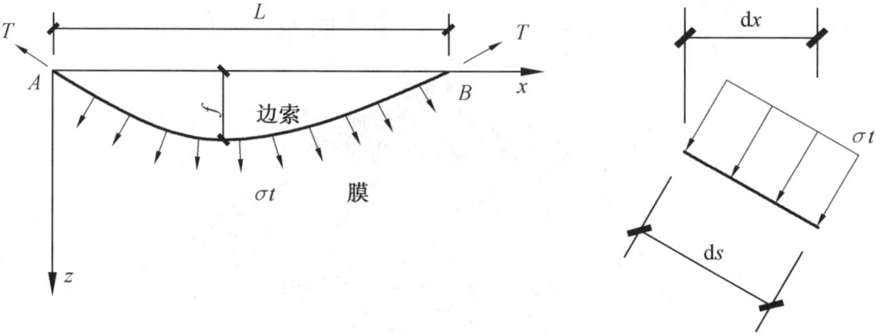

(a) 边索有膜的计算简图　　(b) 索微分单元计算简图

图 2.25　边索计算简图

T— 边索张力;σ— 膜内拉应力;t— 膜材厚度;f— 曲线矢高;L— 曲线跨度

由文献[73] 可知,单索的平衡微分方程为

$$\begin{cases} H = 常量 \\ H\dfrac{\mathrm{d}^2 z}{\mathrm{d}x^2} + q_z = 0 \end{cases} \tag{2.81}$$

式中　q_z—— 竖向均布荷载;

H—— 索张力的水平分量;

x、z—— 水平和竖向坐标轴。

根据图 2.25 建立边索微分单元的力平衡方程并代入式(2.81),可得

$$H\frac{\mathrm{d}^2 z}{\mathrm{d}x^2} + \sigma t\left(\frac{\mathrm{d}z}{\mathrm{d}x}\right)^2 + \sigma t = 0 \tag{2.82}$$

边界条件为

$$\begin{cases} x = 0 时, z = 0 \\ x = L 时, z = 0 \end{cases} \tag{2.83}$$

将式(2.82) 积分两次并代入边界条件可得

$$z = \lg\left[\frac{1-\cos\dfrac{\sigma tL}{H}}{\sin\dfrac{\sigma tL}{H}}\sin\frac{\sigma tx}{H}+\cos\frac{\sigma tx}{H}\right]\frac{H}{\sigma t} \tag{2.84}$$

当 $x = L/2$ 时，$z = f$，代入式(2.84)，可得

$$f = \lg\left[\frac{1-\cos\dfrac{\sigma tL}{H}}{\sin\dfrac{\sigma tL}{H}}\sin\frac{\sigma tL}{H}+\cos\frac{\sigma tL}{H}\right]\frac{H}{\sigma t} \tag{2.85}$$

当给定 f 时，可由式(2.85)求出 H，然后整条曲线即可由式(2.84)完全确定。

求出 H 后，索内 T 的平均值可按下式计算：

$$T_{平均} = \frac{H}{L}\int_0^L\sqrt{1+\left(\frac{\mathrm{d}z}{\mathrm{d}x}\right)^2}\,\mathrm{d}x = \frac{H}{L}\int_0^L\sqrt{1+\tan^2\frac{\sigma tL-2\sigma tx}{2H}}\,\mathrm{d}x \tag{2.86}$$

根据建筑外形要求确定的跨度 L、矢跨比 $r(h/L)$、膜内预应力 σ 和膜材厚度 t 即可通过式(2.86)求出边索所需的初始张力 $T_{平均}$。

2. 内索(脊索和谷索)

内索指两侧存在一次膜材的索，包括脊索和谷索。膜和索的受力关系如图2.26所示。由图2.26，根据膜与内索的平衡条件，得

$$|p_{合}| = \sqrt{(\sigma_1 t)^2+(\sigma_2 t)^2-2\sigma_1 t\sigma_2 t\cos(\pi-\theta)} \tag{2.87}$$

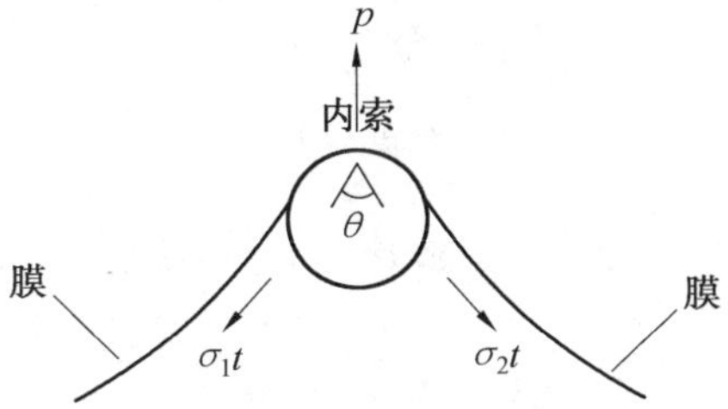

图2.26　内索与膜受力关系

如果 $\sigma_1 t = \sigma_2 t = \sigma_0 t$，则式(2.87)可写成

$$|p_{合}| = 2\sigma_0 t\cos\frac{\theta}{2} \tag{2.88}$$

用 $|p_{合}|$ 替代式(2.86)中的 σt，即可得到内索的初始张力。

由以上分析可知，索初始张力的确定是在膜预应力分布均匀的前提下求得的，在建立有限元模型前假设膜初始预应力分布均匀，故可采用式(2.88)进行索初始张力的确定。当初始形态分析得到的曲面为非完全等应力曲面，应用式(2.86)求得的索张力与初始设计张力是有差异的。

2.4.8　膜片设计流程图

根据以上分析,现给出膜片设计的总流程图,如图 2.27 所示。

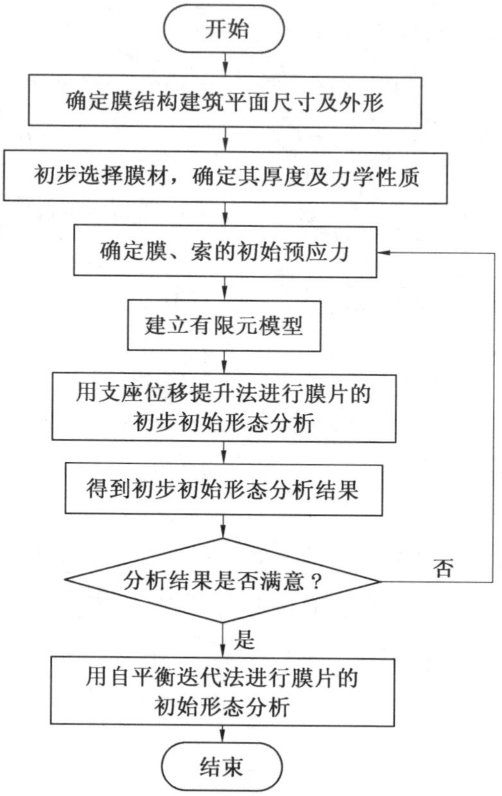

图 2.27　膜片设计总流程图

本章小结

由于膜曲面形状的复杂多变,膜结构分析已无法采用物理模型和传统解析方法解决,因此本章采用非线性有限元方法进行膜结构的计算分析。

本章首先推导了膜单元、索(杆)单元的几何非线性刚度矩阵及平衡方程,为膜结构的初始形态分析及其他分析奠定了理论基础;然后用算例验证了本章编制程序的正确性;最后给出了在已知膜片中索矢跨比及膜内力的情况下求解索初始预张力的公式,得到了如下结论:

(1) 自平衡迭代法可以找到真实形态的等应力曲面,为了使膜曲面稳定性最好以及工程造价最低,应该采用自平衡迭代法进行膜片的初始形态分析。

(2) 为了避免膜片角部过窄的情况发生,本章给出了索初始预张力确定的公式,即当膜曲面应力均匀时,并在已知索矢跨比、膜内力及材料参数的情况下,索初始预张力可求。这样就解决了索的初始预张力要在反复调整后才能确定的问题,节约了初始形态的分析时间。

第3章　张拉式膜结构的形态分析

3.1　概　　述

由于膜片在整个结构体系中只是一个构件,因此在完成膜片的初始形态分析后,需对整个体系进行协同分析。当张拉式膜结构的边界为刚性边界(以刚性骨架为边界)时,可以将刚性边界视为固定约束,膜片的初始形态分析相当于整个结构体系的初始形态分析,应用以上初始形态分析过程即可;当张拉式膜结构的边界为柔性边界(以钢索等材料为边界)时,柔性边界对膜片的约束作用要受到其他构件的影响(如自由索、杆或梁),因此在膜片初始形态分析结束后还应进行整体结构的协同形态分析。本章将对存在自由索单元和杆单元的具有柔性边界的张拉式膜结构(以下称为索杆膜空间结构)进行整体结构的初始形态分析,而对梁单元则不予讨论。

3.2　索杆体系的找力分析

在进行索杆膜空间结构体系协同形态分析的过程中,涉及索杆体系找力分析理论,本节简单介绍其基本理论。

3.2.1　空间杆件体系的平衡方程

对于给定的空间铰接结构体系,设杆件数为 k,节点数为 n,其中约束数为 b,则对空间任意一个节点 i(图3.1)建立力平衡方程为

$$\begin{cases}\dfrac{x_i - x_j}{L_j}t_l + \dfrac{x_i - x_k}{L_m}t_m = q_{ix} \\ \dfrac{y_i - y_j}{L_j}t_l + \dfrac{y_i - y_k}{L_m}t_m = q_{iy} \\ \dfrac{z_i - z_j}{L_j}t_l + \dfrac{z_i - z_k}{L_m}t_m = q_{iz}\end{cases} \tag{3.1}$$

对所有节点建立上述方程,并写成矩阵形式,即

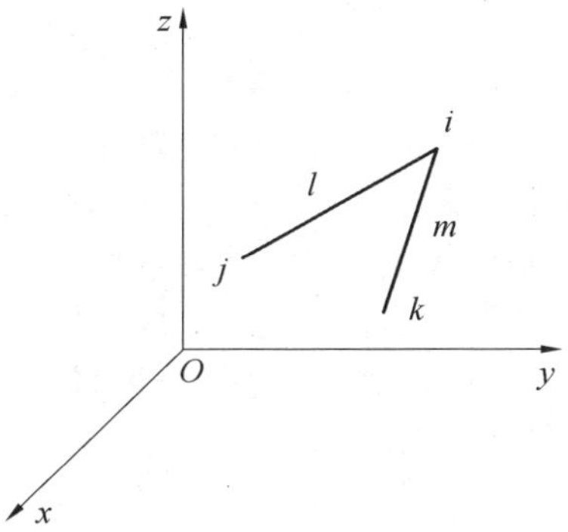

图 3.1　空间杆件节点

$$\begin{bmatrix} \cdots & \cdots & \cdots & \cdots & \cdots \\ \cdots & \dfrac{x_i - x_j}{L_j} & \cdots & \dfrac{x_i - x_k}{L_m} & \cdots \\ \cdots & \dfrac{y_i - y_j}{L_j} & \cdots & \dfrac{y_i - y_k}{L_m} & \cdots \\ \cdots & \dfrac{z_i - z_j}{L_j} & \cdots & \dfrac{z_i - z_k}{L_m} & \cdots \\ \cdots & \cdots & \cdots & \cdots & \cdots \end{bmatrix}_{(3n-b)\times k} \times \begin{bmatrix} \vdots \\ t_l \\ \vdots \\ t_m \\ \vdots \end{bmatrix}_k = \begin{bmatrix} \vdots \\ q_{ix} \\ q_{iy} \\ q_{iz} \\ \vdots \end{bmatrix}_{3n-b} \tag{3.2}$$

式(3.2) 可简写为

$$[\boldsymbol{A}][\boldsymbol{t}] = [\boldsymbol{q}] \tag{3.3}$$

式中　$[\boldsymbol{A}]$—— 平衡矩阵；

$[\boldsymbol{t}]$—— 杆件内力向量；

$[\boldsymbol{q}]$—— 节点荷载向量。

在小变形条件下可以用同样的方法建立协调方程

$$[\boldsymbol{B}][\boldsymbol{u}] = [\boldsymbol{e}] \tag{3.4}$$

式中　$[\boldsymbol{B}]$—— 协调矩阵，由虚功方程可以证明$[\boldsymbol{B}] = [\boldsymbol{A}]^{\mathrm{T}}$；

$[\boldsymbol{u}]$—— 节点位移矢量；

$[\boldsymbol{e}]$—— 单元应变矢量。

3.2.2　奇异值求解方法

结构平衡矩阵$[\boldsymbol{A}]$除了用力法进行一般计算之外，还可以利用平衡矩阵的秩判定结构的静、动力特性，确定自应力模态和机构位移模态。

矩阵的秩的求解方法有多种，通常采用高斯消去法和奇异值分解法。矩阵的高斯消去法比较容易实现稀疏矩阵的分解过程，易于实现大型体系的结构分析，但需先设定一精度值，且随精度值的变化，矩阵的秩有较大的变化；奇异值分解法只需根据特征值的相对大小即可得出，算法比较稳定，可以处理平衡矩阵的病态问题，但该方法在求解平衡矩阵的子空间基时要比高斯消去法麻烦得多。根据以上两种方法的特点，本章采用奇异值分解法进行分析。

根据矩阵理论，平衡矩阵[$\boldsymbol{A}$]经过奇异值分解可以得到

$$[\boldsymbol{A}]_{(3n-b)\times k}=\boldsymbol{U}_{(3n-b)\times(3n-b)}\begin{bmatrix}\boldsymbol{S}&\boldsymbol{0}\\\boldsymbol{0}&\boldsymbol{0}\end{bmatrix}\boldsymbol{V}_{k\times k}^{H}\tag{3.5}$$

式中　$\boldsymbol{S}$——[$\boldsymbol{A}$]的奇异值，$\boldsymbol{S}=\mathrm{diag}(s_{11},s_{22},\cdots,s_{rr})$，且 $s_{11}\geqslant s_{22}\geqslant\cdots\geqslant s_{rr}>0$；

r——[$\boldsymbol{A}$]的秩；

$\boldsymbol{U}$ 和 $\boldsymbol{V}$——正交矩阵，$\boldsymbol{U}=[u_1,\cdots,u_{3n-b}]$，$\boldsymbol{V}=[v_1,\cdots,v_k]$。

记

$$\boldsymbol{U}_1=[u_1,\cdots,u_r],\boldsymbol{U}_2=[u_{r+1},\cdots,u_{3n-b}],\boldsymbol{V}_1=[v_1,\cdots,v_r],\boldsymbol{V}_2=[v_{r+1},\cdots,v_k]$$

则有

$$[\boldsymbol{A}]\boldsymbol{U}_2=0\tag{3.6}$$

$$[\boldsymbol{A}]\boldsymbol{V}_2=0\tag{3.7}$$

式中　$\boldsymbol{U}_2$——[$\boldsymbol{A}$]的列空间的基，每一个列向量都是独立的机构位移模态，其模态数为 $3n-b-r$。

结构的机构位移是各独立机构位移模态的线性组合，可表示为

$$\bar{\boldsymbol{d}}=\boldsymbol{U}_2\boldsymbol{\alpha}\tag{3.8}$$

式中　$\boldsymbol{\alpha}$——机构位移模态组合因子向量，是 $m(m=3n-b-r)$ 维实常数，可取任意实数；

$\boldsymbol{V}_2$——[$\boldsymbol{A}$]的零空间的基，每一个列向量都是独立的自应力模态，其模态数为 $k-r$。

结构的预应力分布是各独立自应力模态的线性组合，可表示为

$$\bar{\boldsymbol{t}}=\boldsymbol{V}_2\boldsymbol{\beta}\tag{3.9}$$

式中　$\boldsymbol{\beta}$——自应力模态组合因子向量，是 $s(s=k-r)$ 维实常数，原则上可取任何实数，但考虑到索单元只能承受拉应力，并且对称的结构应该采用对称的预应力分布，因此在选择这些实常数时应满足上述的两个条件。

m、s 可以根据 n、b、k 按其各自的公式进行计算，但当结构为平面体系但按空间结构进行计算时，得到的维数是不正确的，这时应按平面体系输入参数进行计算，但这不利于程序的统一，因此本章采用另一种确定方法，即根据矩阵分析理论，$\boldsymbol{U}_2$ 为[$\boldsymbol{A}$]的值空间的酉基阵，$\boldsymbol{V}_2$ 为[$\boldsymbol{A}$]的零空间的酉基阵，则 m、s 分别为对应的酉基阵的列数。

3.2.3　平衡方程的求解

根据平衡方程(3.3)，单元内力可表达为

$$\boldsymbol{t} = \boldsymbol{t}^* + \bar{\boldsymbol{t}} \tag{3.10}$$

式中　$\boldsymbol{t}^*$—— 对应于荷载 $\boldsymbol{q}$ 的方程(3.3) 的特解,其表述为

$$\boldsymbol{t}^* = [\boldsymbol{A}]^+ \boldsymbol{q} \tag{3.11}$$

其中,如果$[\boldsymbol{A}]$ 为满秩矩阵,则$[\boldsymbol{A}]^+$ 表示为$[\boldsymbol{A}]$ 的逆矩阵;如果$[\boldsymbol{A}]$ 为长方阵或是一个奇异方阵,则$[\boldsymbol{A}]^+$ 表示为$[\boldsymbol{A}]$ 的 $M-P$ 广义逆矩阵。

$\bar{\boldsymbol{t}}$—— 对应其次方程的通解,是自应力模态的线性组合向量。

可以看出,在初始形态分析过程中,由于外荷载为 0,因此平衡方程的特解为 0 向量。

通常单元内力的通解并不唯一,其求解方法见文献[74]。

本章根据以上理论编制了索杆体系找力分析程序,下面通过几个算例来验证本程序的正确性。

3.2.4　算例分析

【算例 3.1】　平面结构。如图 3.2 所示,a、b、c 为三根相等长度的杆单元,C、D 处简支。

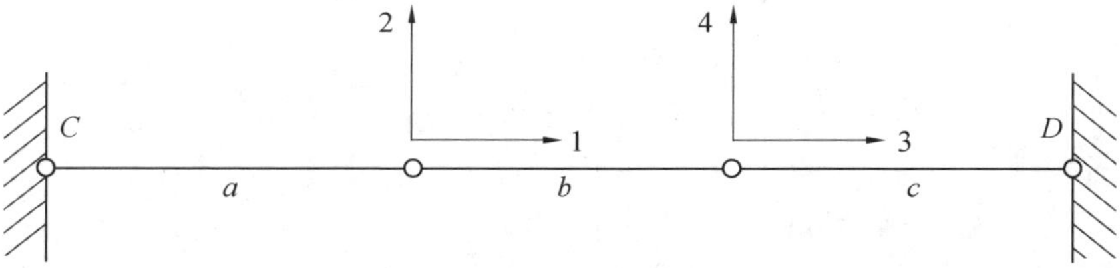

图 3.2　平面结构

平衡方程为

$$\begin{bmatrix} 1 & -1 & 0 \\ 0 & 0 & 0 \\ 0 & 0 & 0 \\ 0 & 1 & -1 \\ 0 & 0 & 0 \\ 0 & 0 & 0 \end{bmatrix} \begin{bmatrix} t_a \\ t_b \\ t_c \end{bmatrix} = \begin{bmatrix} q_1 \\ q_2 \\ 0 \\ q_3 \\ q_4 \\ 0 \end{bmatrix} \tag{3.12}$$

将平衡方程系数矩阵进行奇异值分解,得

$$\boldsymbol{U} = \begin{bmatrix} 0.707\,1 & -0.707\,1 & 0 & 0 & 0 & 0 \\ 0 & 0 & 0 & -1 & 0 & 0 \\ 0 & 0 & 1 & 0 & 0 & 0 \\ -0.707\,1 & -0.707\,1 & 0 & 0 & 0 & 0 \\ 0 & 0 & 0 & 0 & 1 & 0 \\ 0 & 0 & 0 & 0 & 0 & 1 \end{bmatrix}$$

$$
\boldsymbol{S}=\begin{bmatrix} 1.7321 & 0 & 0 \\ 0 & 1 & 0 \\ 0 & 0 & 0 \\ 0 & 0 & 0 \\ 0 & 0 & 0 \\ 0 & 0 & 0 \end{bmatrix}
$$

$$
\boldsymbol{V}=\begin{bmatrix} 0.4082 & -0.7071 & -0.5774 \\ -0.8165 & 0 & -0.5774 \\ 0.4082 & 0.7071 & -0.5774 \end{bmatrix}
$$

系数矩阵的值空间的酉基阵和零空间的酉基阵分别为

$$
\boldsymbol{U}_m=\begin{bmatrix} 1 & 1 \\ 0 & 0 \\ 0 & 0 \\ -1 & 1 \\ 0 & 0 \\ 0 & 0 \end{bmatrix},\quad \boldsymbol{V}_s=\begin{bmatrix} 1 \\ 1 \\ 1 \end{bmatrix}
$$

从上式结果可以看出：$m=2$，$s=1$，即本结构对应两个结构位移模态和一个自应力模态。秩 $r_A=2$，如果根据 n、b、k 按其各自的公式计算本结构，那么将得到错误的答案，因此必须根据酉基阵来求 m 和 s。

【算例 3.2】　空间索桁结构，三维视图如图 3.3 所示，尺寸为1 200 mm × 1 400 mm，高2 000 mm，周边 8 点支撑。对平衡方程的系数矩阵进行奇异值分解得到结构的独立自应力模态数为 5，结构平面立面及预应力分布如图 3.4 所示（预应力单位为 kN）。

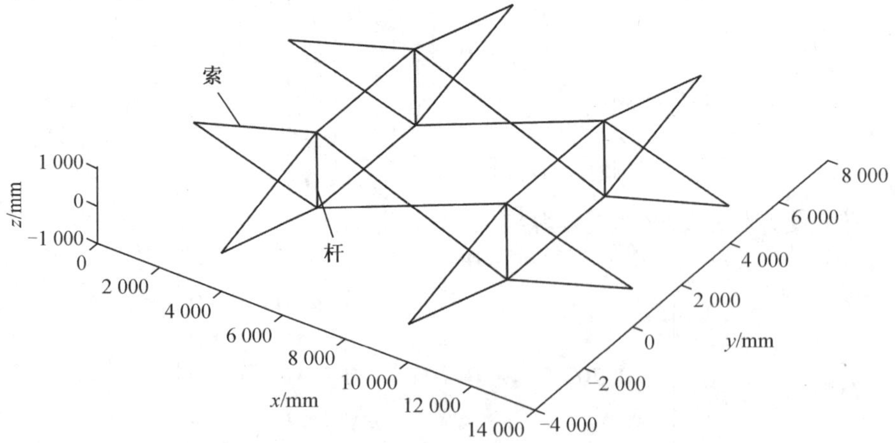

图 3.3　空间索桁结构三维视图

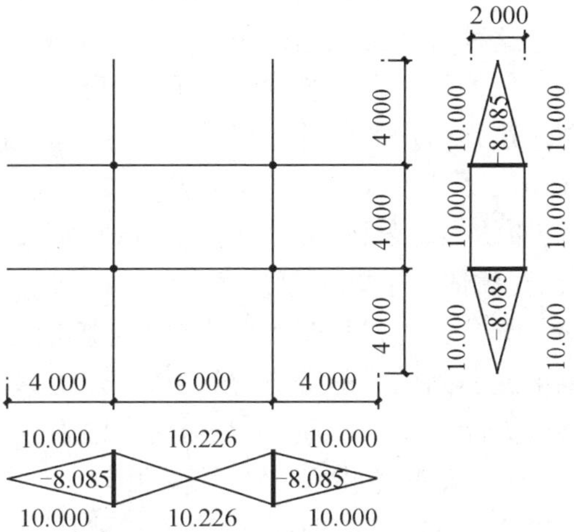

图 3.4　平面立面及预应力分布(单位:kN)

3.3　索杆膜空间结构体系考虑设计过程的初始形态分析

我国自 20 世纪 90 年代开始关注膜结构并对其进行了长期系统的研究,然而,膜结构的研究具有传统结构没有的复杂性,施工过程中暴露出了一些需要研究的问题,如现有的初始形态分析模型基本是忽略支撑结构的有悖于施工过程的分离模型。由于索膜是由预应力分布确定几何形状(找形分析),而索杆结构是由几何形状确定预应力分布(找力分析),这是两个相反的过程,所以现有的索杆膜形态分析方法将索杆和膜片分割开来分别进行计算:首先确定索杆的预应力分布;然后将索杆和膜片连接部位作为固定约束进行初始形态分析;最后将膜片的支座反力加到索杆上验算索杆的承载力。这种计算方法忽略了索杆与膜片之间的变形协调关系,对初始形态产生较大影响,因此结构计算时必须进行索杆膜空间结构的协同分析。

对索杆膜空间结构进行协同形态分析的文献国内外都较为鲜有。文献[42]中提出了两种索杆膜空间结构形态分析方法:当前位形平衡法和虚实耦合法。

(1) 当前位形平衡法。

当前位形平衡法是先进行膜片的初始形态分析,然后将膜片的支座反力以外荷载的形式添加到索杆体系中,在当前的几何形状下求解索杆的预应力分布。这种方法忽略了膜片与索杆之间的变形协调关系。

(2) 虚实耦合法。

虚实耦合法先考虑真实材料属性的索杆部分的初始预应力分布,然后将不考虑索、膜单元材料属性和变形协调关系的膜片部分作用在索杆上,进行非线性有限元形态分析。这种方法虽然结构满足力平衡方程和位移协调关系,但忽略了膜片中的索对索杆的作用以及膜片的刚度,这会造成索膜施工完毕后结构的位移边界条件与建筑师给定的位移边界条件不相符的后果。

文献[44]中提出了另外一种方法:在膜片与支撑体系连接节点处施加固定约束,进行膜片的初始形态分析;释放连接节点处约束,考虑支撑体系对初始形态分析的影响;在支撑体系上施加预应力,使边界节点满足初始边界条件。可以看出,文献[44]所提出的方法即使释放约束前膜应力达到等应力状态,张拉成形后的膜面也不能达到设计的等应力状态,并且支撑体系上施加的预应力值需通过反复调试后方能确定。因此,本章为使索杆膜空间结构体系满足力平衡方程、相容方程和边界条件(包括索、杆、膜交汇节点处位移边界条件为位移为0),且曲面为初始设定的等应力曲面,提出了一种新的适合于索杆膜空间结构形态分析的求解方法——形态迭代求解法。其优点:① 无须反复调整施工张拉索的索力就能满足给定的边界条件;② 可以直接获得索杆膜空间结构体系力的分布情况,给出施工张拉索的理论控制值;③ 膜面主应力分布状态与初始假定的等应力分布状态基本一致。

3.3.1 形态迭代求解法

文献[42]中所述的虚实耦合协同分析思想虽然运用非线性有限元方法使索、杆、膜交汇节点处的力达到平衡,但在考虑整体模型后,由于支撑体系中构件的变形造成膜结构张力刚度下降,因此对初始形态分析会产生较大的影响。从结构师的角度来看,分离模型对支撑钢结构的设计偏于安全,但却高估了膜的初应力水平,膜实际张拉成形后极有可能难以达到设计应力状态。按文献[41]的算法,虽然结构的边界条件满足建筑师的要求,但其改变了整个结构体系的力分布状态,膜面应力不均匀,其分析过程为荷载分析过程,有悖于初始形态分析的基本思想。

鉴于此,本章在初始形态分析过程中将索杆体系的找力分析拓展到了整个索杆膜体系中,即将膜片中的索与索杆体系共同进行找力分析,这就是本章所述索杆膜空间结构协同分析的基本思想。在膜结构分析中,由于在计算膜内索初始张力时未考虑膜初始应力的影响,并且未考虑膜片刚度的影响,因此初始形态分析后的膜片矢跨比的边界条件将不能满足设计要求。本章用迭代求解的方式消除膜初始应力对力平衡条件的影响以及膜布刚度对整个体系带来的影响。具体步骤如下:

(1) 由建筑师给定边界条件,并给定膜片中索的矢跨比 $\lambda_0 = f_0/L$。

(2) 索初始预张力的确定。采用本章所述的方法确定膜片中索的初始预张力。

(3) 利用全 N－R 法，并采用若干步提升支座到指定位置的方法对膜片进行初步初始形态分析，膜片中索的初始预张力值为 T_{MC}^{B}。

(4) 在已有的初步初始形态分析的基础之上，将膜片的材料常数取为真实的材料常数，对膜片进行体型更新的初应力自平衡迭代初始形态分析，找到其平衡曲面，得到膜片中索的初始预张力值为 T_{MC}^{0}。

(5) 采用初始形态分析后的空间网格坐标，将膜片中的索与索杆体系共同进行找力分析，其步骤如下：

① 将所有与索杆体系不相连的节点全部加上约束。因为初始形态分析是数学过程，膜片中索的预张力值在迭代初始形态分析过程中始终保持不变，且膜片中每根索的预张力又都是一致的，因此可将不与索杆支撑构件相连的索单元节点全部加上约束，这样整个索杆膜空间结构就被分成了若干个单独的结构体系。

② 对结构体系进行找力分析。用膜片中索的初始预张力值 T_{MC}^{0} 作为已知值，利用文献[80] 的方法对结构体系进行找力分析。

在进行找力分析后，膜片中的索与索杆体系在节点处力是平衡的，因此得到了自由索和杆的预张力值 T_{FC}^{0} 和 T_{B}^{0}。

(6) 将得到的预张力值施加于不同的构件上，进行索杆膜空间结构的非线性有限元协同分析，得到膜片中索的预张力值 T_{MC}^{1}、自由索的预张力值 T_{FC}^{1} 和杆的预张力值 T_{B}^{1}。

(7) 求膜片中此时的索预张力值与初始预张力值差值的最值，即

$$\Delta T_{MC} = T_{MC}^{0} - T_{MC}^{i}（i\ 为与索杆体系相连的膜片中索的单元号）$$

以及此时给定位置处的矢跨比 $\lambda_1 = f_1/L$。

(8) 如果 $\frac{|\lambda_1 - \lambda_0|}{\lambda_0} \leqslant \varepsilon$（$\varepsilon$ 为误差容许值，一般可取为 1%），则结束程序；否则，以 ΔT_{MC} 作为膜片中索张力的容差值，按步骤(5) 的方法进行找力分析，得到自由索和杆的预张力的容差值 ΔT_{FC} 和 ΔT_{B}。

(9) 更新构件的初始预张力。若 $\lambda_1 < \lambda_0$，则 $T^1 = T^0 - \Delta T$；若 $\lambda_1 > \lambda_0$，则 $T^1 = T^0 + \Delta T$。按更新后的膜片中索的预张力值进行膜片的迭代初始形态分析，找到平衡曲面，并以此曲面的节点坐标和更新后的构件初始预张力值进行索杆膜空间结构的非线性有限元协同分析，得到膜片中索的预张力值 T_{MC}^{2}、自由索的预张力值 T_{FC}^{2} 和杆的预张力值 T_{B}^{2}。

(10) 重复(7) ~ (9) 过程，直至 $\frac{|\lambda_i - \lambda_0|}{\lambda_0} \leqslant \varepsilon\ (i = 1,2,\cdots)$。

在以上初始形态分析过程中，除在采用提升法进行初始形态分析的过程中膜片的材料常数取为真实材料常数的 10^{-3} 倍，其余过程膜片均采用真实的材料常数。

3.3.2 算例分析

【算例3.3】 鞍形索杆膜空间结构。索杆部分由4根桅杆和8根自由索组成；膜片部分由膜和边索构成。鞍形索杆膜空间结构平面图与立面图如图3.5所示，空间结构三维视图如图3.6所示。所有索的截面积 $A = 150\ \text{mm}^2$，桅杆的截面积 $A = 1\ 632\ \text{mm}^2$。索杆部分及边索的弹性模量 $E = 2.0 \times 10^5\ \text{N/mm}^2$，薄膜初始预应力 $S_x = S_y = 2\ \text{N/mm}^2$，$S_{xy} = 0$，张拉刚度 $E_1t = E_2t = 255\ \text{N/mm}$，$G_{12}t = 80\ \text{N/mm}^2$，泊松比 $\nu_1 = \nu_2 = 0.6$；由于结构对称，因此边索矢跨比全部定为0.1。

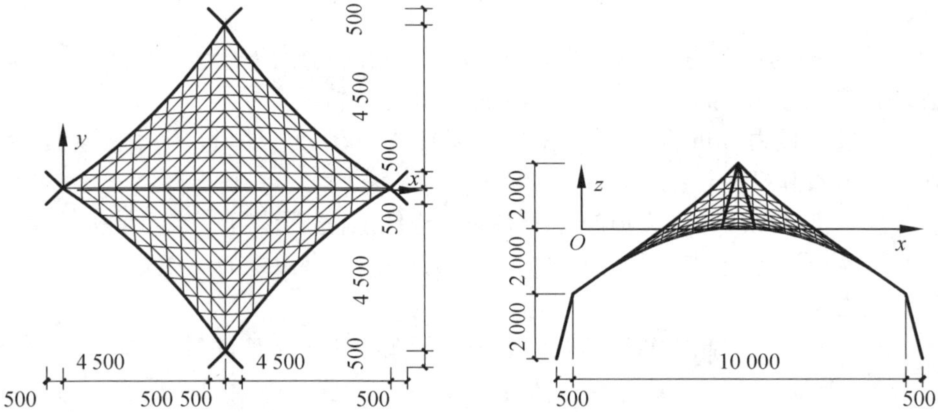

(a) 平面图　　(b) 立面图

图3.5　鞍形索杆膜空间结构平面图与立面图

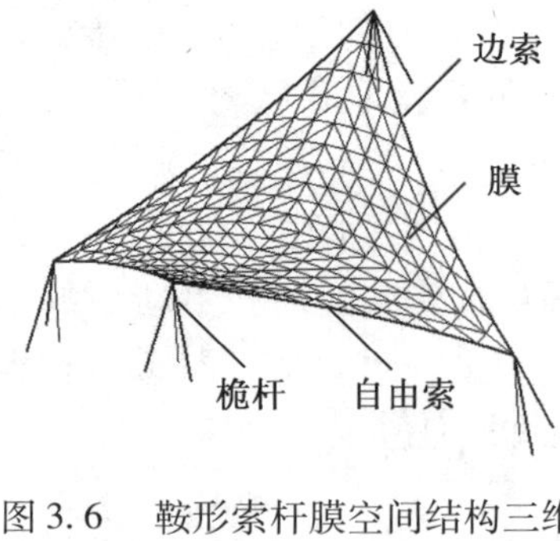

图3.6　鞍形索杆膜空间结构三维视图

将边索视为索杆部分的元素，节点编号如图 3.7 所示。定义跨度 L 为节点 1 与节点 21 之间的距离；矢高为 $L/2$ 处节点 11 到节点 1 与节点 21 连接线的距离；由式(2.86) 可计算出边索的初始预张力值为 20 839 N。在找力分析的过程中，除 1、20、21 和 40 节点处不加约束外，其余节点均加上约束。按本章算法与文献[44] 算法初始形态分析结果如图 3.8 和图 3.9 所示；膜面最大和最小主应力图如图 3.10 ～ 3.13 所示；索杆的内力分布如图 3.14 所示。结果对比见表 3.1。

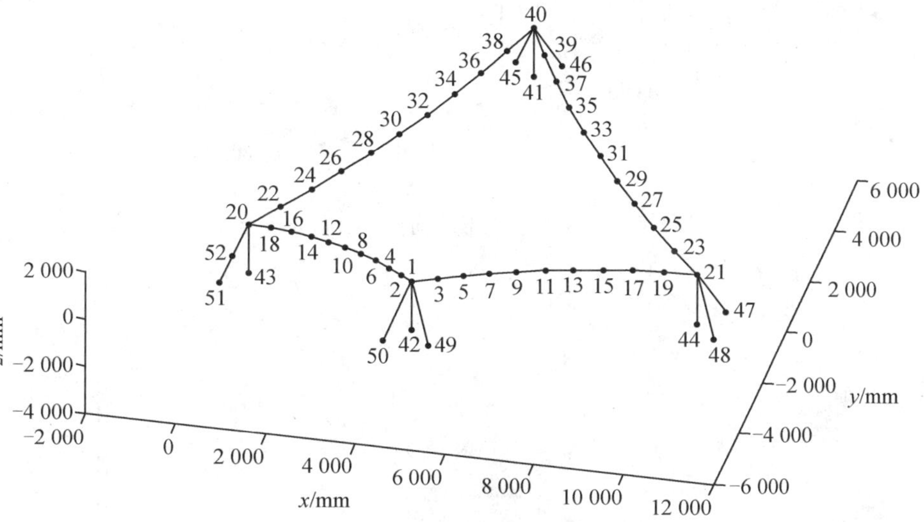

图 3.7　索杆支撑系统节点编号

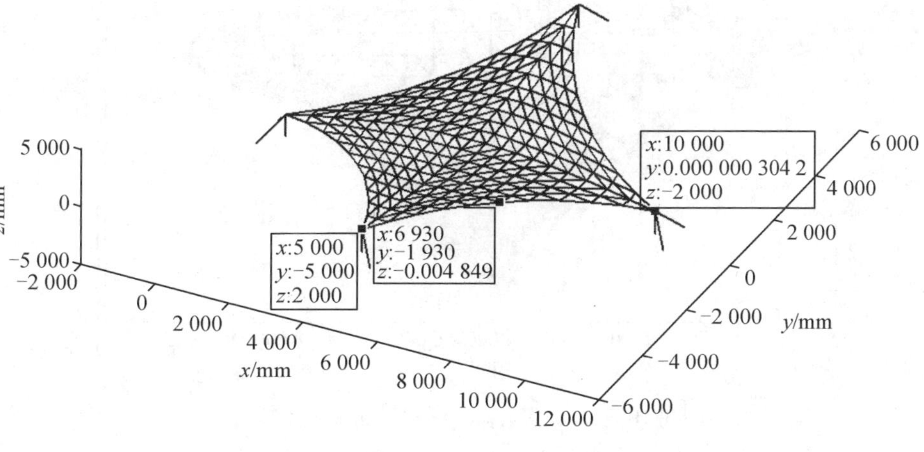

图 3.8　本书算法鞍形结构初始形态分析结果

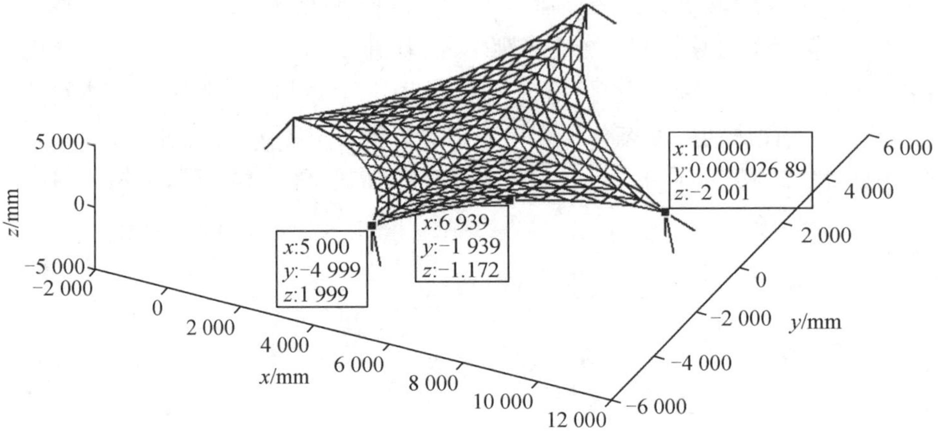

图 3.9　文献算法鞍形结构初始形态分析结果

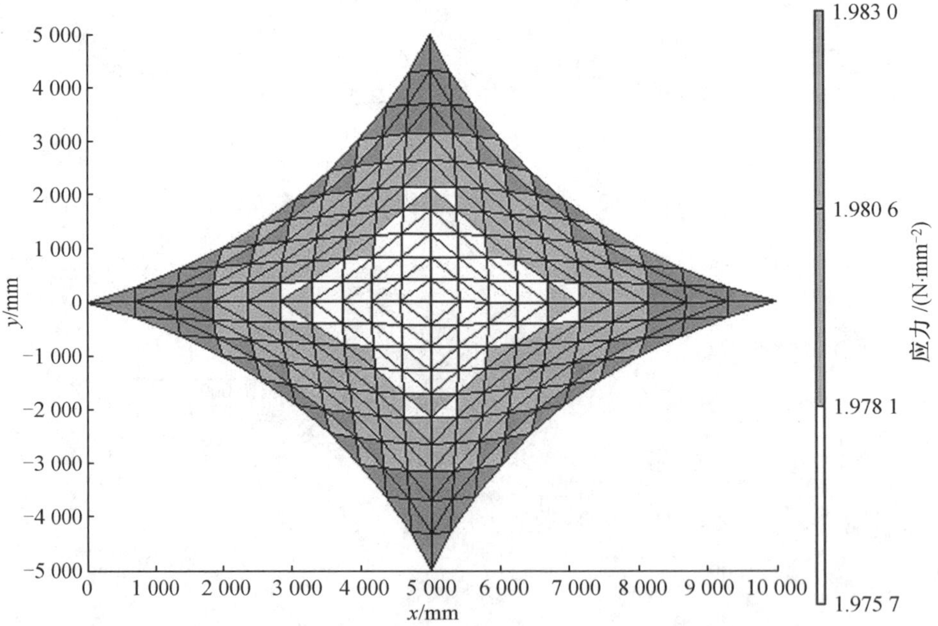

图 3.10　本书算法鞍形结构膜面最大主应力图

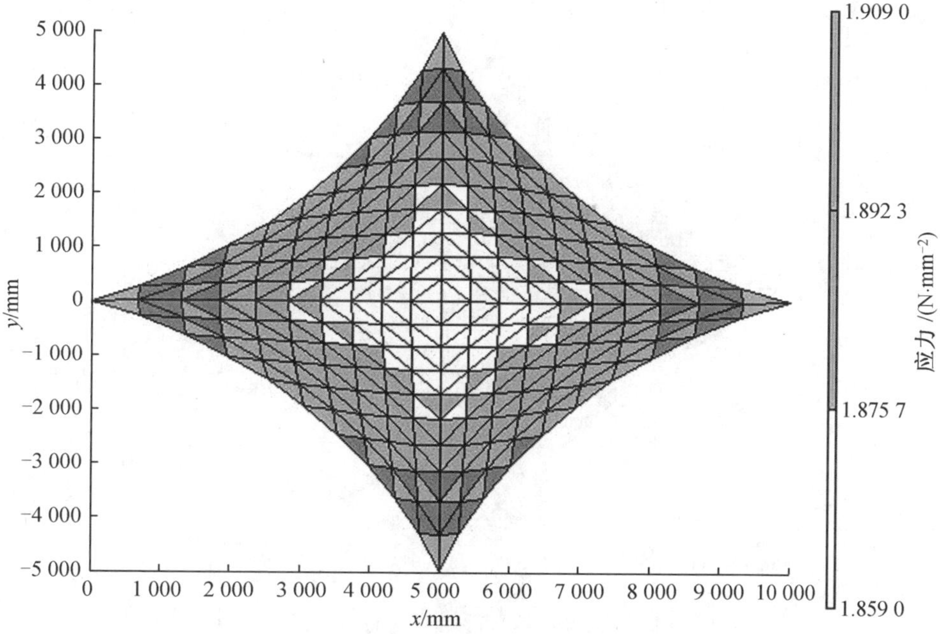

图 3. 11　文献算法鞍形结构膜面最大主应力图

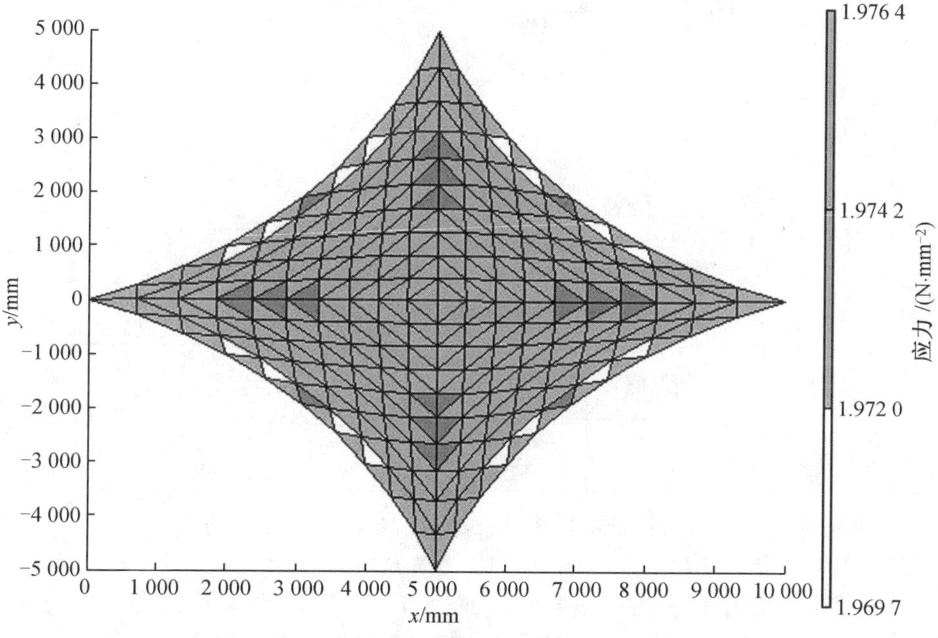

图 3. 12　本书算法鞍形结构膜面最小主应力图

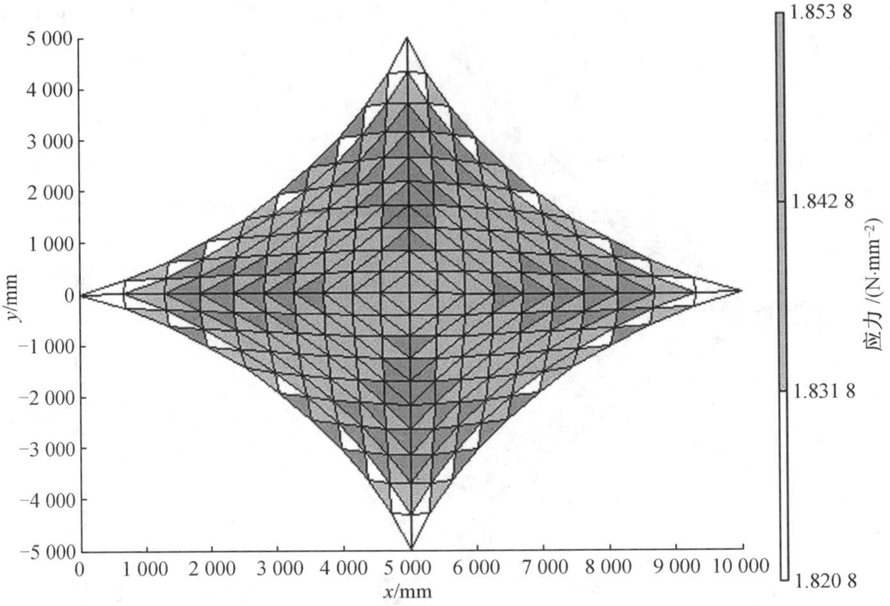

图 3. 13　文献算法鞍形结构膜面最小主应力图

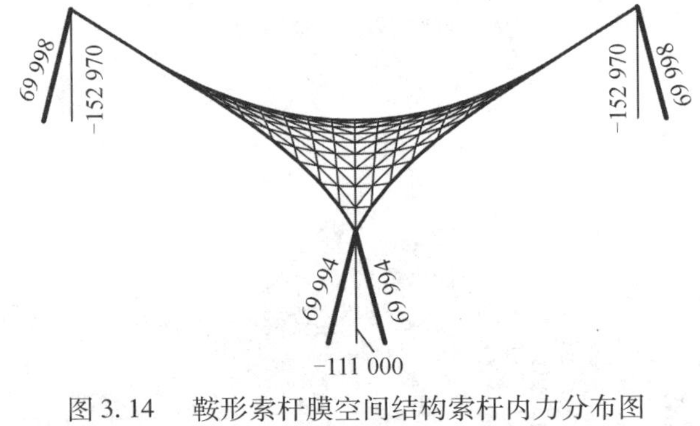

图 3. 14　鞍形索杆膜空间结构索杆内力分布图

表 3. 1　本书算法与文献[41]算法结果对比

项目	预设值	文献算法		本书算法	
		数值	误差 /%	数值	误差 /%
边索矢跨比	0. 1	0. 118	1. 8	0. 107	0. 7
边索平均张力 /N	20 839	19 234	– 7. 7	20 340	– 2. 4

由图 3. 8、图 3. 9 及表 3. 1 可以看出,在满足边界条件的前提下,按本书算法进行初始形态分析,膜片边索矢跨比及张力误差较小,这说明按本书方法确定膜片中索的初始预张力是正确的;由图3. 10 ~ 3. 13 可以看出,本书算法得到的膜应力分布更接近理论假设的应力分布。由图 3. 14 可以看出,本书算法可以直接得到施工张拉值。

【算例 3.4】 脊谷式索杆膜空间结构。本算例参考德国联邦庭院博览会上的一个张拉索-膜结构和文献[79]所做的试验模型,并做了一些修改。模型结构的基本尺寸为外径 9 000 mm,支座高低点高差为 1 600 mm,中部采用刚性内环(图 3.15)。所用膜材为法拉利 PVDF1202T,经向张拉刚度 $E_1t=$ 11 070 N/cm;纬向张拉刚度 $E_2t=11\ 070$ N/cm;薄膜预拉力为 10 N/cm;脊索、

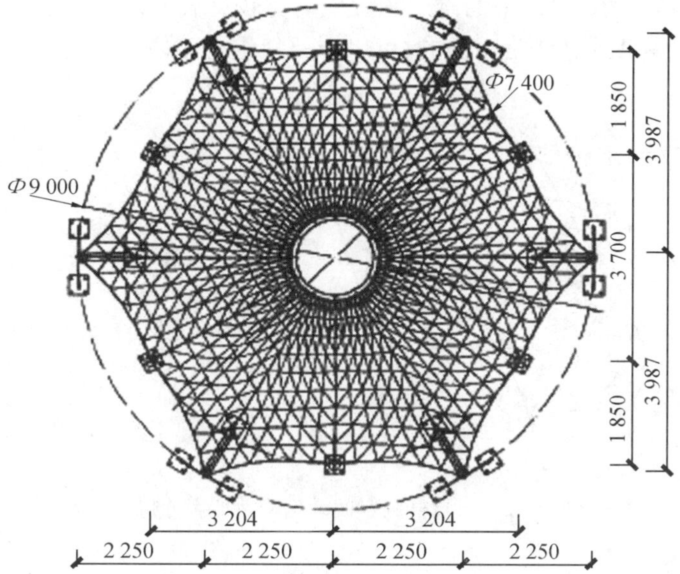

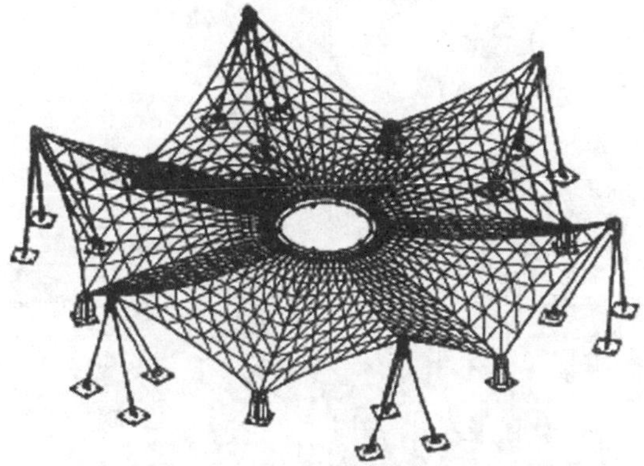

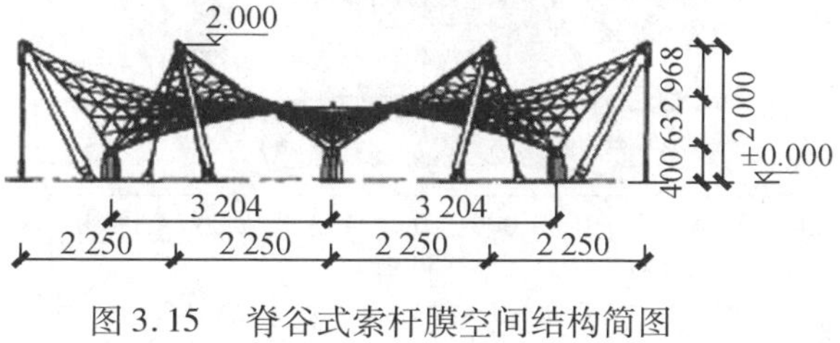

图 3.15　脊谷式索杆膜空间结构简图

谷索和边索统一选用 Φ12 钢绞线，预拉力值为 10.0 kN；自由索选用 Φ12 钢绞线；支撑杆选用 Φ114 mm × 4.0 mm 钢管。膜内预拉力通过张拉结构的脊索、谷索和边索来建立。

应用本书算法进行初始形态分析的结果如图 3.16 所示；初始形态分析后得到膜面的最大和最小主应力分布如图 3.17、图 3.18 所示；自由索和杆单元的内力如图 3.19 所示；膜片中的索与预设值的比较见表 3.2。由以上图和表的数据可以看出，本书的算法是正确的，可以方便地进行整体结构的设计，并对施工有指导性意义。

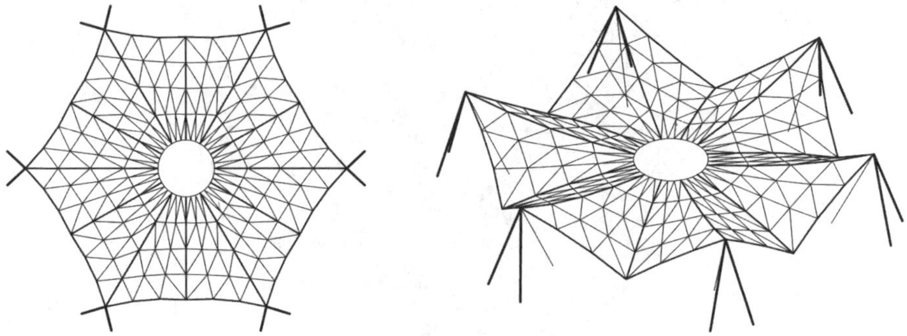

(a)　　　　　　(b)

图 3.16　脊谷式索杆膜空间结构初始形态分析结果图

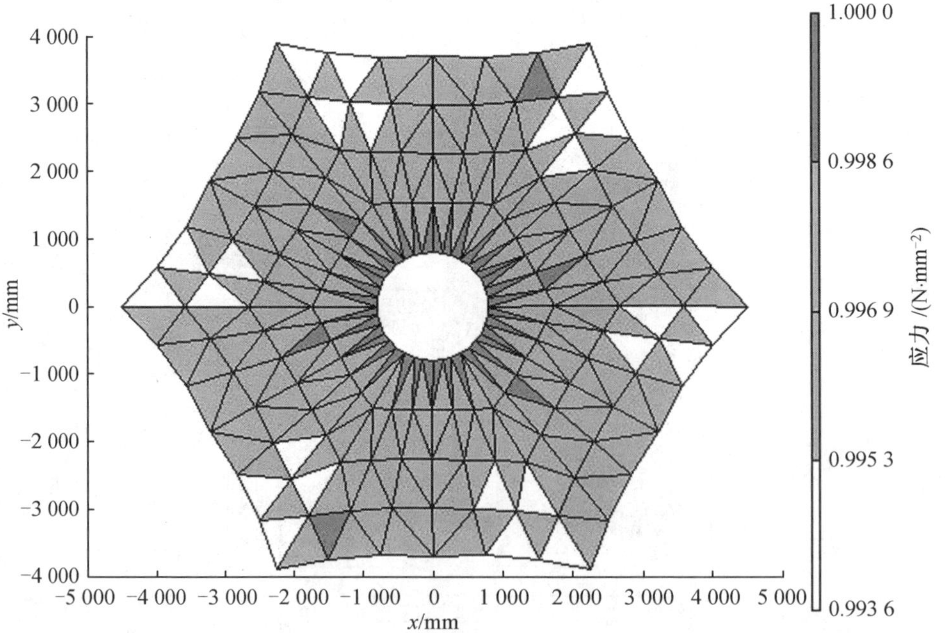

图 3.17　最大主应力分布图

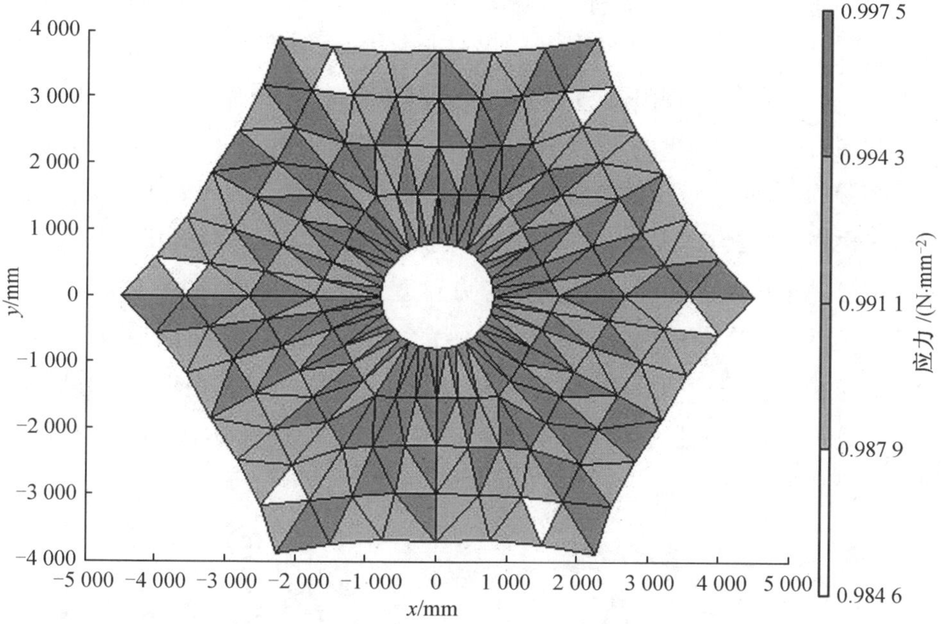

图 3. 18　最小主应力分布图

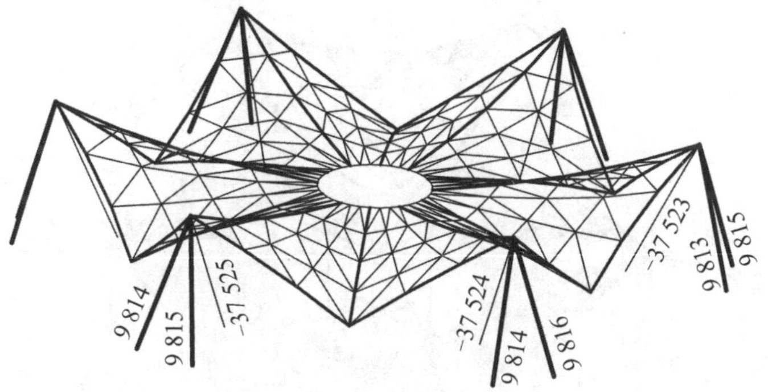

图 3. 19　脊谷式索杆膜空间结构索杆内力图

表 3. 2　本书算法结果与预设值对比

项目	预设值 /N	本书算法平均值 /N	误差 /%
脊索	10 000	9 987	– 0. 13
谷索	10 000	9 974	– 0. 26
边索	10 000	9 997	– 0. 03

【算例 3.5】 哈工大科技园索杆膜空间结构实际工程。本工程(图 3.20 ~ 3.22)的膜材由6片等腰形双曲抛物面(马鞍面)单元组成,投影面积为 280 m^2。其钢结构由分别沿两个同心圆布置的 12 根柱子构成。内圈的6根柱为固定柱,而外圈的6根柱为活动柱。内外圈的柱子在沿圆周方向是高低交错布置的,沿同一半径上的两根柱子也均是高低交错。内圈的3根矮柱上部通过3根横撑焊接在一起,3根高柱也以同样方式焊接在一起。每根外圈柱都有两根自由索拉在顶端,以平衡膜面应力和边索应力。边索取 Φ6 mm × 19 mm 抗拉强度为 1 570 MPa 直径为 Φ16 mm 的钢芯钢丝绳;自由索取 Φ6 mm × 19 mm 抗拉强度为1 570 MPa 直径为 Φ20 mm 的钢芯钢丝绳(钢丝绳及索头均在加工场加工)。高柱为 Φ273 mm × 6 mm 的钢管;矮柱为 Φ180 mm × 6 mm 的钢管。设计矢跨比为:外边索 0.15;侧边索为 0.1。

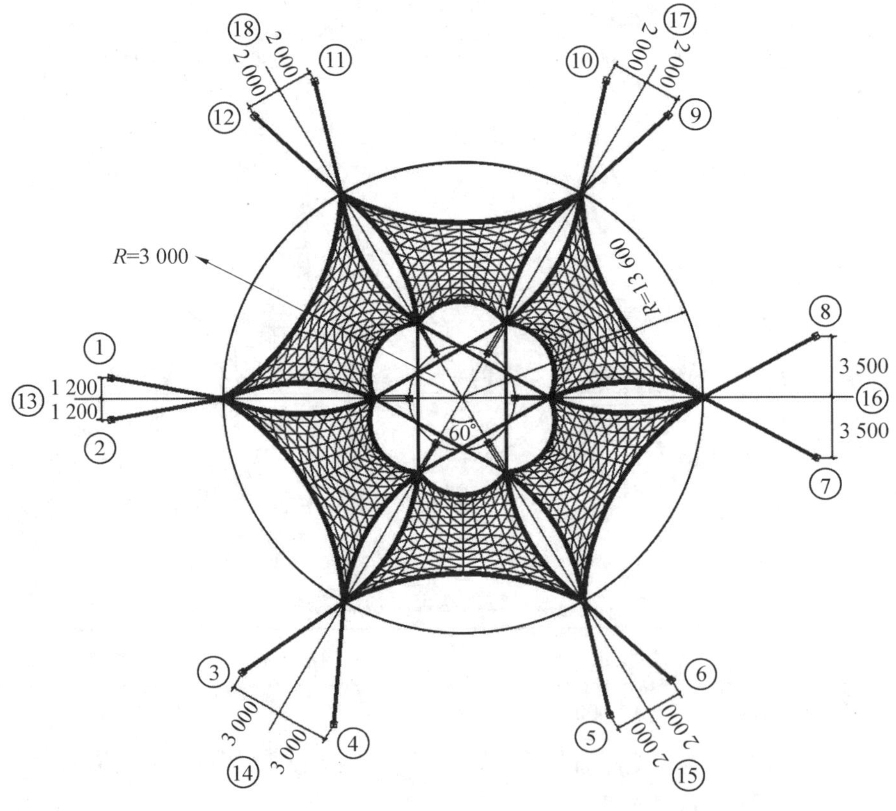

图 3.20　哈工大科技园索杆膜空间结构平面图

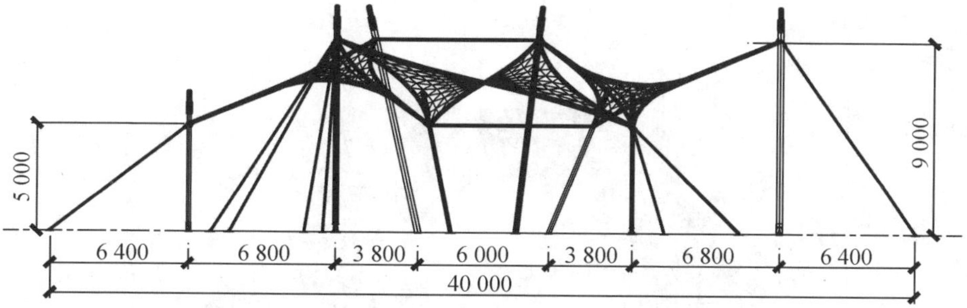

图 3.21　哈工大科技园索杆膜空间结构立面图

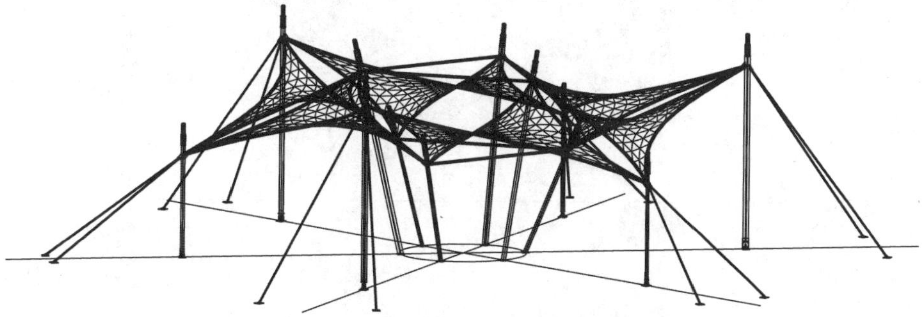

图 3.22　哈工大科技园索杆膜空间结构轴测图

由于内圈固定柱有很大的刚度,因此在有限元计算时将与固定柱连接的膜角点视为约束节点;而活动柱对整个结构体系的刚度分布有较大的影响,因此在有限元计算时与整体结构共同分析,其初始形态分析的结果如图 3.23 所示,膜面的最大与最小主应力如图 3.24 和图 3.25 所示。自由索和杆的内力见表 3.3;膜片中索的矢跨比与预设值的比较见表 3.4。由以上分析可以看出,本书所述程序可以计算索杆膜空间结构的协同分析,计算结果满足设计要求,为设计提供了理论依据,为施工提供了可靠的数据。

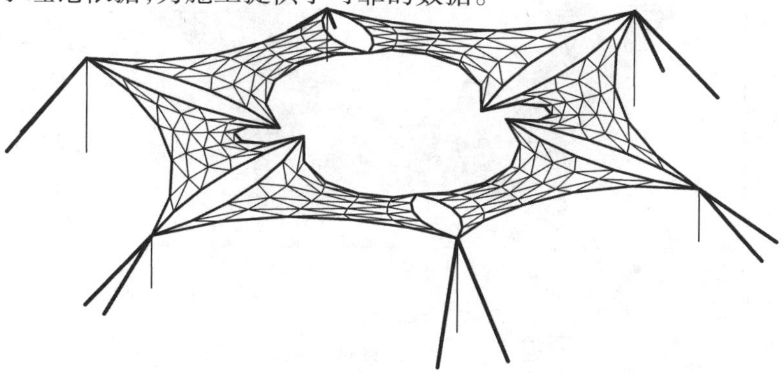

图 3.23　哈工大科技园索杆膜空间结构初始形态分析

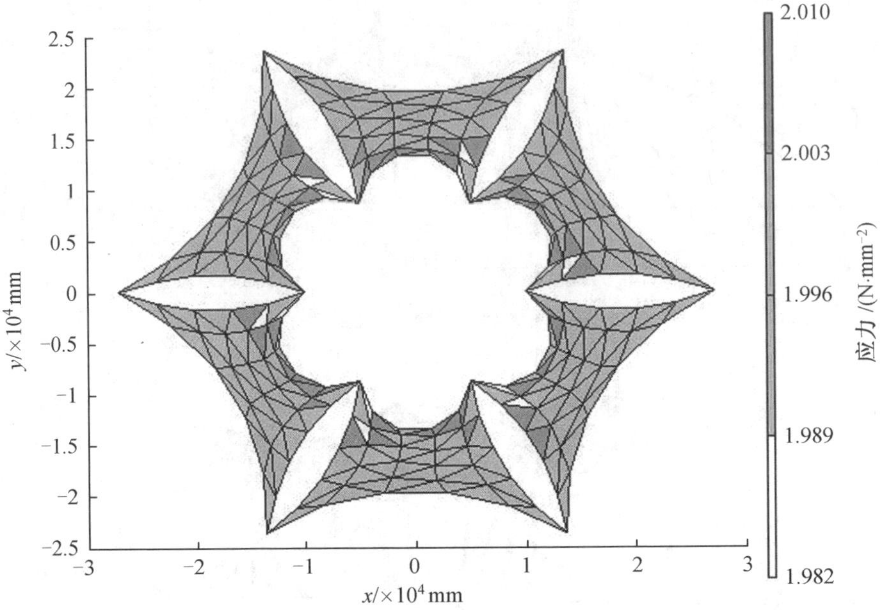

图 3. 24　膜面最大主应力图

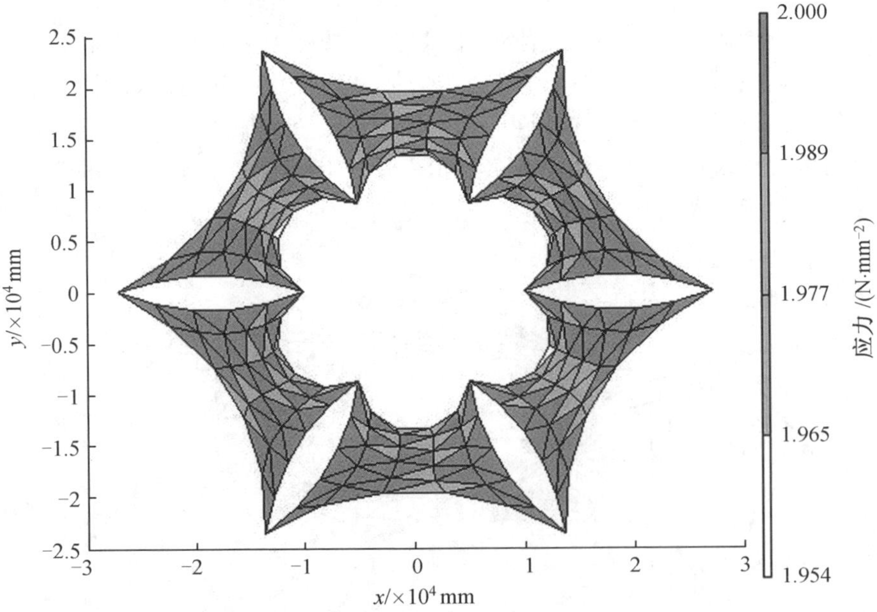

图 3. 25　膜面最小主应力图

表 3.3　自由索和活动柱的内力

自由索单元编号	预拉力 /N	自由索单元编号	预拉力 /N	自由索单元编号	预拉力 /N
1	108 020	7	152 450	13	– 96 952
2	108 040	8	152 460	14	– 271 470
3	150 620	9	110 020	15	– 96 914
4	150 530	10	110 050	16	– 271 510
5	110 040	11	147 690	17	– 96 923
6	110 030	12	147 650	18	– 271 470

表 3.4　本书算法与预设值结果对比

项目	预设值	本书算法值	误差 /%
侧边索矢跨比	0.1	0.100 5	0.70
外边索矢跨比	0.15	0.151 2	0.80
侧边索平均张力	45 298 N	45 313.4 N	0.03
外边索平均张力	48 438 N	48 466.4 N	0.06
内边索平均张力	10 000 N	9 959.2 N	0.41

3.4　索杆膜空间结构体系考虑施工过程的初始形态分析

前面所进行的索杆膜空间结构的分析是按照设计步骤进行的，是设计分析；但在具体的施工过程中，会遇到各种各样的施工问题，如设计可调锚头已达到设计调节值但膜仍未张紧或者正好相反，这时如何使整个空间结构体系继续满足设计要求就成为亟待解决的问题，这个问题就是索杆膜空间结构体系的施工阶段的验算问题。本节将对其进行阐述。

3.4.1　已知主动张拉索张拉值

在施工成形过程中根据索的受力情况可将索分为主动张拉索和被动张拉索。主动张拉索为施工过程中被施加预应力的索，而被动张拉索为依靠其他构件建立预应力的索。

由于设计人员采用了不同的方法得到主动张拉索的设计张拉值，因此需对设计张拉值进行验算，看其是否能够成为施工张拉值。本节所述内容为考虑施工过程的设计验算。

在施工初始形态分析过程中，主动索的预应力值是已知的，而被动索的预应力值应通过结构的几何拓朴关系求得，所以预先给定的被动索的预应力值在此是假定值，并不能依据此值进行膜片的初始形态分析设计验算。因此，考虑施工的初始形态分析应通过不断的迭代进行，具体步骤如下：

(1) 利用全 N－R 法，采用若干步提升支座到指定位置的方法对膜片进行初步初始形态分析。膜片的材料常数取真实材料常数的 10^{-3} 倍，膜片中索的初始预张力值为 T_{MC}^{B}。

(2) 在已有的初步初始形态分析的基础上，将膜片的材料常数取真实的材料常数，对膜片进行体形更新的初应力自平衡迭代初始形态分析，找到其平衡曲面，得到膜片中索的预张力值为 T_{MC}^{0}。

(3) 采用初始形态分析后的空间网格坐标，对膜片中的索与索杆体系共同进行找力分析，其步骤见第 3.3.1 节(其中主动张拉索单元预应力值设为已知值)。在进行找力分析后，膜片中的索与索杆体系在节点处是力平衡的，得到此时的膜片中索的预应力值 T_{MC}^{1}。

(4) 由于膜片中索的预应力值已经改变，从平衡的观点看，膜布的内力应发生变化，因此为了使膜布的预应力值符合初设条件，本节用 T_{MC}^{1} 和初始膜预应力对膜片重新进行非线性有限元初始形态分析。

(5) 重复(3) 和(4) 过程，直至 $|T_{MC}^{i+1}-T_{MC}^{i}|\leqslant\varepsilon(i=0,1,2,\cdots)$，其中 ε 为两次索力差值的容许值(为了使膜面达到理想的等应力曲面，建议 ε 取 1%)。

(6) 进行索杆膜空间结构的非线性有限元协同分析。

在以上程序中，为了得到等应力曲面，进行了两次迭代初始形态分析(其中第(5) 步为隐含的迭代初始形态分析)。可以只进行一次迭代初始形态分析(第(5) 步)，但这样将付出大量的时间，因此建议在初步初始形态分析后进行自平衡迭代初始形态分析(第(2) 步)。可以看出，以上方法是形态迭代求解法的一种变异方法。下面用一道算例验证本方法的正确性。

【算例 3.6】 伞状索杆膜空间结构。索杆部分由一根桅杆和 4 根自由索组成；膜片部分由膜、脊索和边索组成。伞状索杆膜空间结构平面图与立面图如图 3.26 所示，三维视图如图 3.27 所示。所有索的截面积 $A=200\ \mathrm{mm}^2$，桅杆的截面积 $A=1\ 000\ \mathrm{mm}^2$。索杆部分的弹性模量 $E=1.8\times10^5\ \mathrm{N/mm}^2$，膜片部分的弹性模量置零。膜片中膜内预应力设为 2 $\mathrm{N/mm}^2$，脊索初始预应力设为

8 000 N，边索初始预应力设为 40 000 N。本算例中伞顶节点 39 的坐标为(5 000,5 000,2 500)，初始形态分析结果要求此节点不动。文献[45] 中索杆部分的自由索预应力值通过分析得到的数值为 12 000 N，验算此设计张拉值是否能够成为施工张拉值。

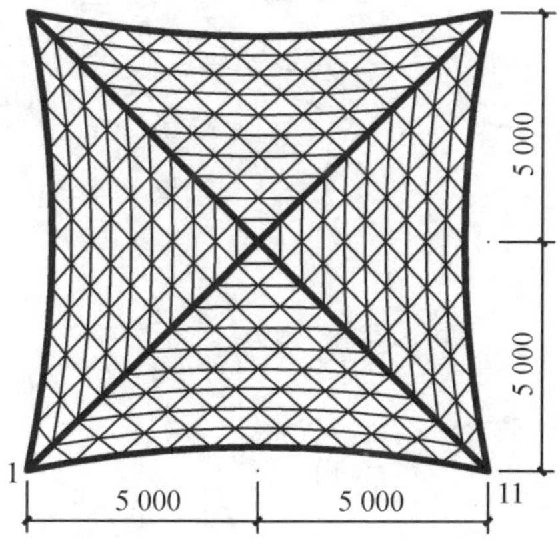

(a) 平面图

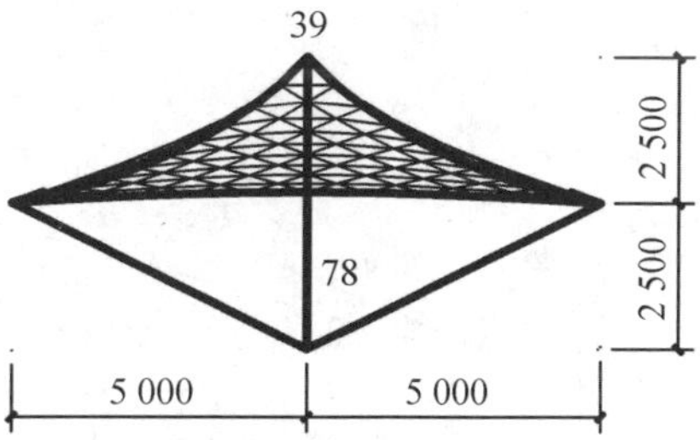

(b) 立面图

图 3. 26　伞状索杆膜空间结构平面图与立面图

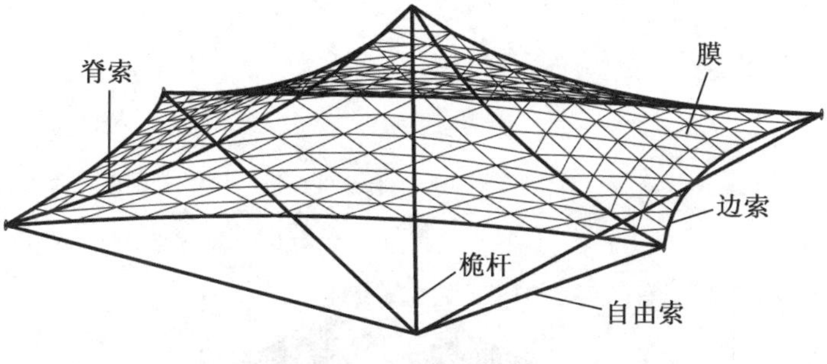

图 3. 27　伞状索杆膜空间结构三维视图

将脊索与边索视为索杆系统中的元素，节点编号如图 3. 28 所示。考虑施工过程，将索杆部分的自由索设为主动张拉索(迭代形态分析过程中预应力值始终保持不变)，而脊索设为被动张拉索(迭代形态分析过程中预应力值由找力分析计算得到)。由于 4 个角点(节点 1、11、67 和 77) 为支座点，因此本节考虑施工成形过程，将 4 根边索也设定为主动张拉索。在找力分析的过程中，除 78 和 39 节点不加约束外，其余节点全部加上约束。膜片的初始形态分析结果如图 3. 29 所示；按设计张拉值(将其看作是施工张拉值) 张拉自由索后整体结构的初始形态分析结果如图 3. 30 所示，其最大与最小预应力如图 3. 31 和图 3. 32 所示；设计值与经本文验算得到的数值的对比见表 3. 5。

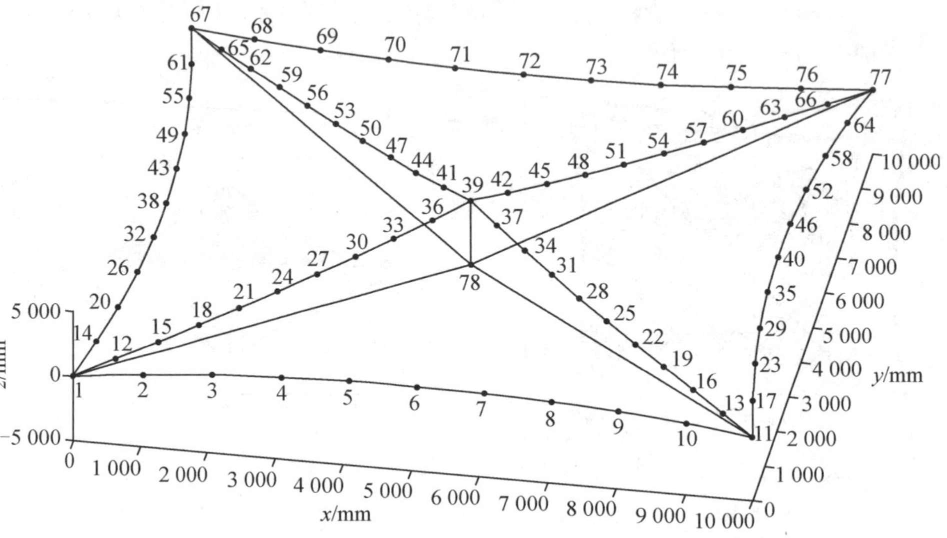

图 3.28　索杆支撑系统编号图

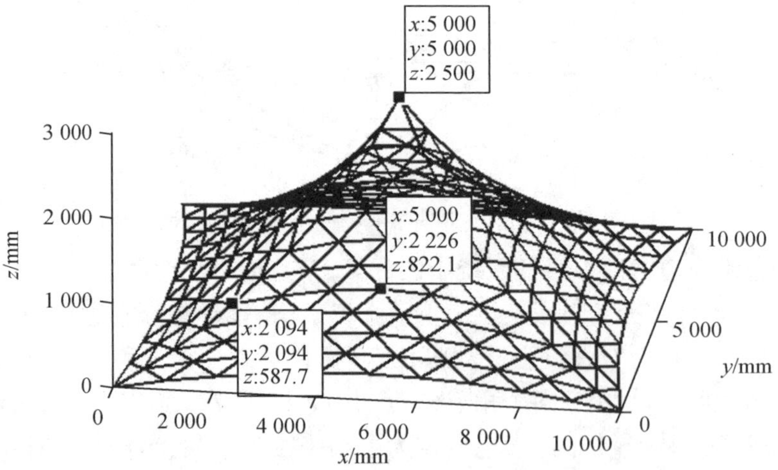

图 3.29　设计平衡态伞状膜片初始形态分析结果图

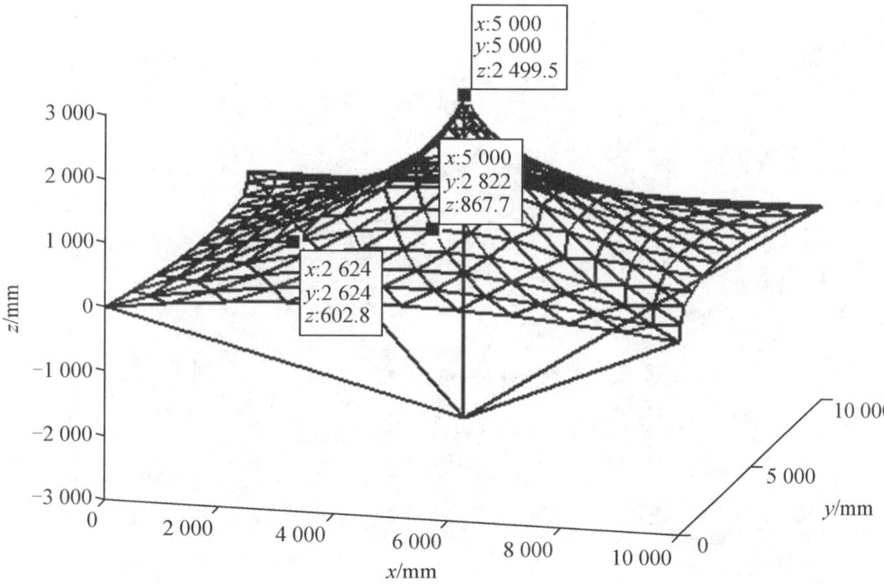

图 3.30　按施工张拉值张拉自由索后伞状结构初始形态分析结果图

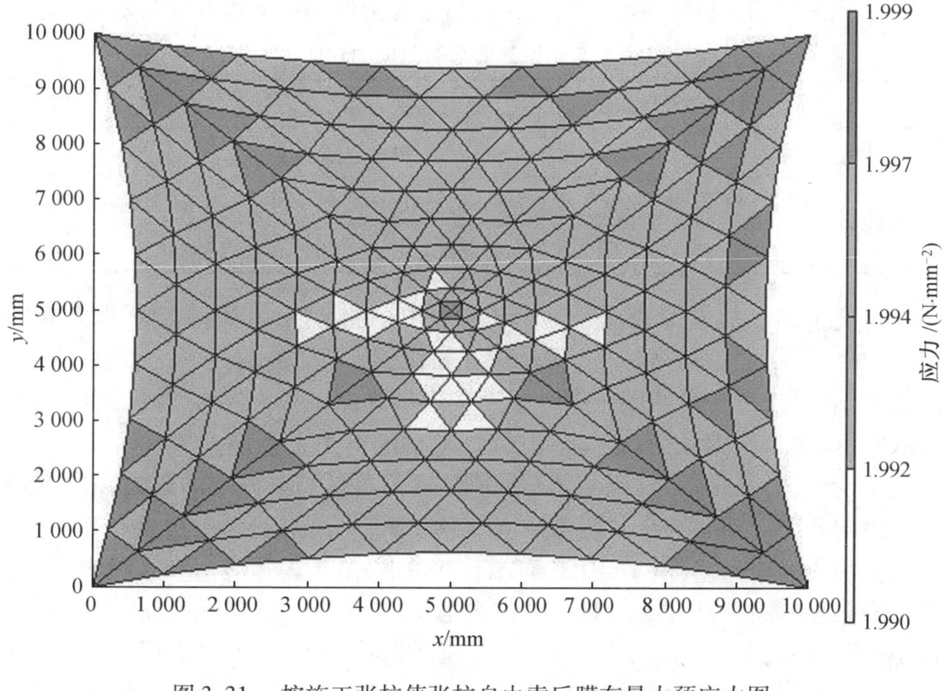

图 3.31　按施工张拉值张拉自由索后膜布最大预应力图

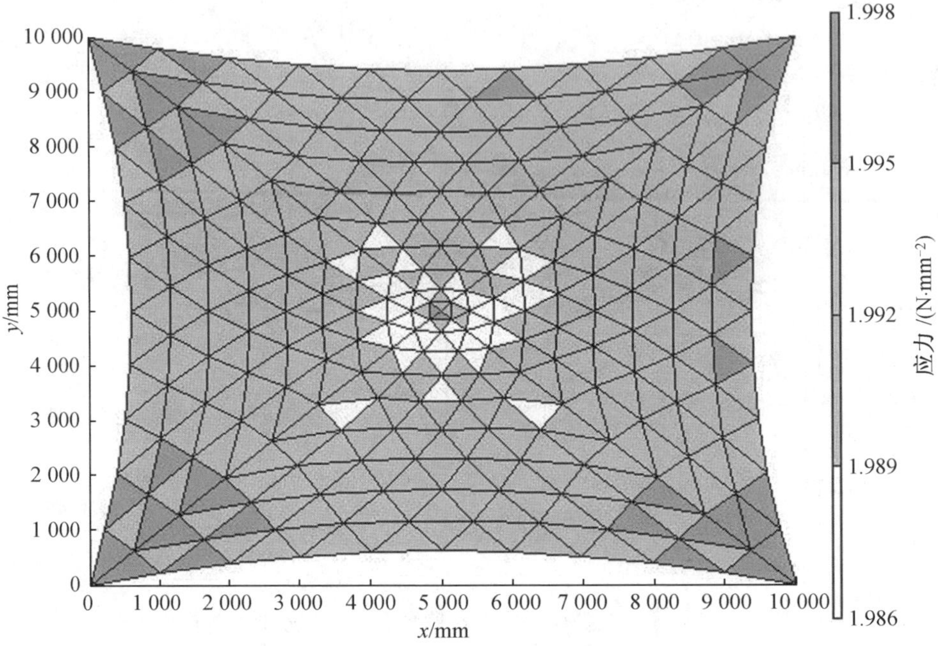

图 3.32　按施工张拉值张拉自由索后膜布最小预应力图

表 3.5　设计值与验算值的对比

项目	伞顶位移 /mm		脊索预张力 /N		自由索预张力 /N	
设计值	0		8 000		12 000	
验算值	(1) ~ (5) 步	第(6) 步	(1) ~ (5) 步	第(6) 步	(1) ~ (5) 步	第(6) 步
	0	0.5	4 919	4 886	12 000	12 727

由图 3.31、图 3.32 及表 3.5 可以看出，在保证伞顶节点位移为 0(第(1) ~(5) 步) 且施工张拉值(等于设计张拉值) 不变的情况下，达到设计要求的膜面预应力时，脊索的预张力小于设计张拉值；由表 3.5 可以看出，当考虑膜布的刚度，按本书算法第(6) 步完成后，求得的自由索预应力值和伞顶位移已经发生变化，但变化不大，说明膜布的刚度对索杆系统有一定的影响，但影响不大。由图 3.29 与图 3.30 对比可知，在确定的膜片(包括脊索、边索和膜布) 内力及伞顶位移边界条件($u=0, v=0, w=0$) 下，由于膜预应力和索预应力的比值影响膜片的曲率，因此，当自由索的数值 12 000 N 和膜内预应力 2 N/mm^2 保持不变时，脊索验算值(4 886 N) 与设计值(8 000 N) 差异较大，膜片的曲率与设计曲率有较大的差别。如果按原设计对膜布进行裁剪下料，按 12 000 N 张拉自由索，那么膜布的内力将不会达到 2 N/mm^2，因此本算例中的主动张拉索设

计张拉值不能成为施工张拉值。

由上例可以看出,在设计初始形态分析完成之后,可用本书方法考虑施工成形的设计验算,即在已知膜布预应力、主动张拉索张力值(施工时必须达到的控制指标)、膜边界条件的情况下,进行索杆膜空间结构的协同初始形态分析。若发现采用本书方法进行设计验算后得到的曲面与设计平衡态曲面差异较大,则当所采用的设计平衡态曲面中的主动索被张拉到设计值时,得到的曲面将不是设计所要求的初始等应力曲面,设计者应重新计算主动张拉索的设计张拉值(即施工张拉值)。

综上所述,设计者无论采用何种方法得到主动张拉索的设计张拉值,都可以采用本节所述方法对索杆膜空间结构体系进行设计验算。验算内容为按设计张拉值(将其看作是施工张拉值) 张拉主动张拉索后,膜曲面是否能够达到设计要求。如果不满足设计要求,设计者应重新计算主动张拉索的设计张拉值,这样就完成了设计和施工的一体化分析。

3.4.2　已知主动张拉索张力值和索矢跨比

第3.4.1节分析了在给定主动张拉索张力值的情况下进行膜初始形态分析的设计验算,本小节将分析膜结构在施工完毕后如何进行施工验算。在施工时,膜边与索连接的位置事先已经按照设计索矢跨比进行了裁剪,因此施工过程中膜片边界不会发生很大的变化,而索力值和索矢跨比都可以在膜结构施工完毕后测出,这时膜的内力是否满足设计要求成为施工人员关心的问题,下面就此问题进行分析。

由式(2.86) 可以看出,在膜片中的索张力 $T_{平均}$、厚度 t、索跨度 L 及索矢跨比 $r(h/L)$ 已知的条件下,膜内力 σ 可以唯一确定。根据此条件,可以得到确定膜内力 σ 的步骤如下:

(1) 由建筑师给定边界条件,并给定膜片中索的矢跨比 $\lambda_0=\dfrac{f_0}{L}$。

(2) 索初始预张力的确定。采用本节所述的方法确定膜片中索的初始预张力。

(3) 利用全 N－R 法,并采用若干步提升支座到指定位置的方法对膜片进行初步初始形态分析。在已有的初步初始形态分析的基础上,对膜片进行体型更新的初应力自平衡迭代初始形态分析,找到其平衡曲面,得到膜片中索的初始预张力值为 T_{MC}^{B}。

(4) 采用初始形态分析后的空间网格坐标,对膜片中的索与索杆体系共同进行找力分析,具体步骤见第3.3.1节,但已知值应改为主动张拉索张力值

T_{FC}^0。在进行找力分析后，膜片中的索与索杆体系在节点处力是平衡的，因此得到了膜片中索和杆的预张力值 T_{MC}^0 和 T_B^0；T_{MC}^0 即为 $T_{平均}$。

(5) 由已知的膜厚度 t、测量得到的索跨度 L 及索矢高 h 和求得的膜片中的索张力 $T_{平均}$ 确定膜内力 σ。

可以看出，以上方法是形态迭代求解法的另一种变异方法，可以解决膜内力现场验算的问题。下面给出一道算例。

【算例 3.7】 鞍形索杆膜空间结构。施工完毕后测得边索矢跨比为 0.1，主动张拉索（自由索）张力值为 80 000 N，其余条件同第 3.2.4 节算例 3.1。

由边索矢跨比 0.1、膜初始预应力 2 N/mm^2，求得边索平均索张力为 20 839 N；自平衡迭代初始形态分析后得到边索矢跨比为 0.097 5；在主动张拉索张力值 80 000 N 已知的条件下，根据边索空间几何位置与自由索、杆进行一次找力分析，得到膜片中索力为 24 213 N；然后根据式(2.86) 计算出膜的初始预应力为 2.27 N/mm^2，这就是施工完毕后膜的预应力。

为了说明本算法的正确性，可以用计算出的膜施工完毕后的预应力按第 3.4.1 节所述方法进行一次初始形态分析。得到膜片中索力为 23 506 N，索矢跨比为 0.095 1；最大及最小主应力分布如图 3.33 和图 3.34 所示；索杆体系内力分布如图 3.35 所示。由上述结果可以看出，边索张力平均值、边索矢跨比、

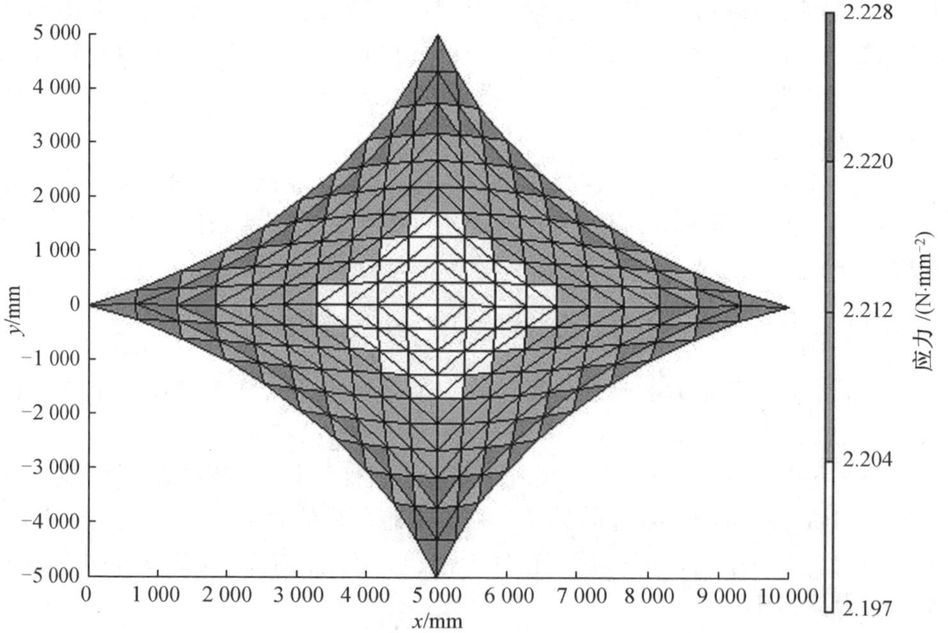

图 3.33　鞍形结构膜面最大主应力分布图

膜主应力值和索杆体系的内力值全部在设计值(施工完毕后的数值)的5%以内,满足工程需要,因此可以用本节所述方法进行施工验算。

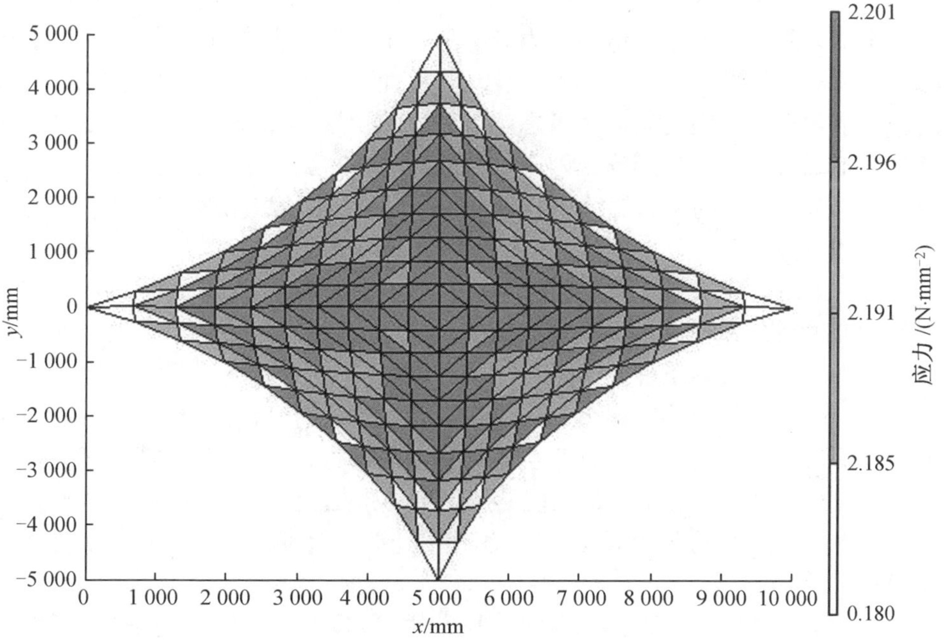

图3.34　鞍形结构膜面最小主应力分布图

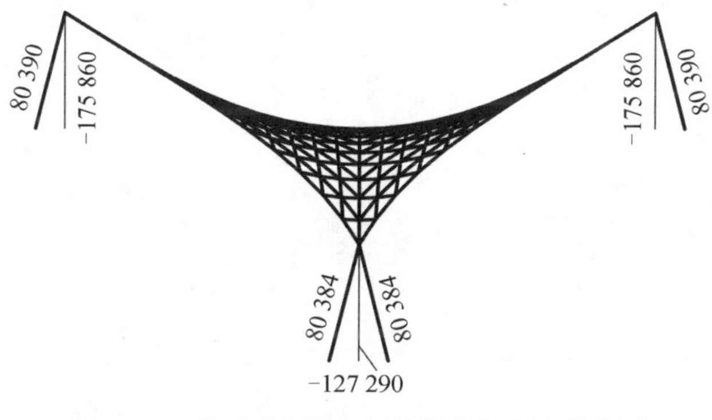

图3.35　鞍形索杆膜空间结构索杆内力分布图

应用本程序时,角点的位移应为0或在误差允许范围之内,如果误差为负值,继续张拉时膜的内力就会超出设计值;如果误差为正值,说明在角点位移为0处时膜的内力小于设计值。如何在误差允许范围之外验算膜内力值的大小将成为以后工作的重点,本节不再阐述。

本章小结

本章首先给出了索杆体系找力分析的平衡方程及求解方法;然后提出了形态迭代求解法,给出了本方法的求解步骤,并通过算例验证本方法的正确性;最后提出了索杆膜空间结构体系考虑施工过程的初始形态分析方法,即根据已知条件的不同可进行设计和施工两个阶段的验算。得到如下结论:

(1) 平衡方程的系数矩阵进行奇异值分解后,必须根据酉基阵来求结构位移模态和自应力模态。

(2) 形态迭代求解法可以很好地解决索杆膜空间结构体系中索杆与膜片之间的变形协调和膜片不是真实曲面的问题,并且满足建筑师给定的膜片柔性边界条件和角点边界条件。

(3) 设计者无论采用什么方法得到主动张拉索的设计张拉值,都可以采用变异的形态迭代求解法对索杆膜空间结构体系进行设计验算,验算内容为按设计张拉值(将其看作是施工张拉值) 张拉主动张拉索后,膜曲面是否能够达到设计要求;如果不满足设计要求,设计者应重新计算主动张拉索的设计张拉值。

(4) 本章给出了验算膜内力的一种方法,当施工人员施工完毕后,可以根据测量出的索张力值和膜片索边界矢跨比及材料常数,利用另一种变异的形态迭代求解法进行膜内力的验算工作。

第4章　张拉式膜结构的荷载分析

4.1　概　　述

张拉式膜结构自身很轻，因此对地震力有良好的适应性，而对风的作用较为敏感，此外还应考虑雪荷载和活荷载的作用。由于目前观测资料尚少，故对膜结构的设计通常采用安全系数法。

本章没有分析风荷载、雪荷载和活荷载对膜结构的影响，而是从施工的角度阐述了其张拉成形的方法，并运用此方法完成了膜片的预应力释放，为膜面的裁剪做了准备工作。

4.2　荷载分析时的平衡方程

在形态分析完成后即可进行结构的荷载分析，其基本方程为

$$(\boldsymbol{K}_{\mathrm{L}} + \boldsymbol{K}_{\mathrm{NL}})\Delta\boldsymbol{U} = \boldsymbol{R} - \boldsymbol{F} \tag{4.1}$$

求解方法仍采用 Newton - Raphson 方法，详见第2.4.3节。

4.3　单元应力及局部松弛和破坏

4.3.1　单元应力增量的计算

从式(4.1)中得到的 j 增量步位移为整体坐标系下的位移，首先根据局部坐标系与整体坐标系之间的转换关系得到局部坐标系下单元节点位移增量 $\Delta\boldsymbol{\delta}_{\mathrm{e}}$，即

$$\Delta\boldsymbol{\delta}_{\mathrm{e}}^{j} = \boldsymbol{T}^{j}\Delta\boldsymbol{U}_{\mathrm{e}}^{j} \tag{4.2}$$

式中　$\boldsymbol{T}$——j 增量步结束时的坐标转换矩阵。

因此，以 $(j-1)\Delta t$ 时刻为参考构形的单元应变增量 $\Delta\varepsilon$ 可由下式（非线性项 $\boldsymbol{B}_{\mathrm{NL}}$ 忽略不计）得到，即

$${}_{j-1}\Delta\varepsilon^{j} = \boldsymbol{B}_{\mathrm{L}}^{j-1}\Delta\boldsymbol{\delta}_{\mathrm{e}}^{j} \tag{4.3}$$

式中 $\boldsymbol{B}_{\mathrm{L}}^{j-1}$——$(j-1)\Delta t$ 时刻的位移应变关系矩阵。

Kirchhoff 应力增量为

$$_{j-1}\Delta\boldsymbol{S}^{j}=\bar{\boldsymbol{D}}_{j-1}\Delta\boldsymbol{\varepsilon}^{j} \tag{4.4}$$

式中 $\bar{\boldsymbol{D}}$——膜单元的本构矩阵。对于膜单元，应根据膜材的经纬方向与局部坐标系间的关系由式(2.36)得到。

$j\Delta t$ 时刻的 Kirchhoff 应力为

$$_{j-1}\boldsymbol{S}^{j}=\boldsymbol{\sigma}^{j-1}+_{j-1}\Delta\boldsymbol{S}^{j} \tag{4.5}$$

$j\Delta t$ 时刻的 Cauchy 应力为

$$\boldsymbol{\sigma}^{j}=\boldsymbol{J}^{-1}\boldsymbol{F}_{j-1}\boldsymbol{S}^{j}\boldsymbol{F}^{\mathrm{T}} \tag{4.6}$$

式中 $\boldsymbol{F}$——应力偏张量，其表达式为

$$\boldsymbol{F}=\begin{bmatrix}\dfrac{\partial x}{\partial X} & \dfrac{\partial x}{\partial Y} & \dfrac{\partial x}{\partial Z}\\ \dfrac{\partial y}{\partial X} & \dfrac{\partial y}{\partial Y} & \dfrac{\partial y}{\partial Z}\\ \dfrac{\partial z}{\partial X} & \dfrac{\partial z}{\partial Y} & \dfrac{\partial z}{\partial Z}\end{bmatrix} \tag{4.7}$$

$\boldsymbol{J}$——应力偏张量 F 的第三不变量。

4.3.2 松弛与破坏的计算处理

1. 膜单元

在进入下一增量步 $j+1$ 时，需根据此时的膜单元的应力 $\boldsymbol{S}^{j}$（为了简便书写将下脚标省略）判断该单元是否松弛或破坏。若此时单元应力为 $\boldsymbol{S}^{j}=[S_x^j \quad S_y^j \quad S_{xy}^j]$，则单元主应力为

$$\begin{cases}S_1^j=\dfrac{S_x^j+S_y^j}{2}+\sqrt{\left(\dfrac{S_x^j-S_y^j}{2}\right)^2+(S_{xy}^j)^2}\\ S_2^j=S_x^j+S_y^j-S_1^j\end{cases} \tag{4.8}$$

且 $S_1^j>S_2^j$。

当 $[S]>S_1^j>S_2^j>0$（$[S]$ 为容许应力）时，单元处于张紧状态，既不松弛也不破坏，本构关系矩阵 $\bar{\boldsymbol{D}}$ 不变。

当 $S_1^j\leqslant 0$ 时，单元产生双向褶皱，取消单元对结构刚度的贡献；但为防止刚度矩阵出现奇异，一般取单元主应力方向上的本构关系为

$$\boldsymbol{D}'=\begin{bmatrix}\beta & 0 & 0\\ 0 & \beta & 0\\ 0 & 0 & \beta\end{bmatrix} \tag{4.9}$$

式中　β—— 给定的很小的值。

在局部坐标系下的膜单元的本构关系矩阵为

$$\bar{\boldsymbol{D}} = \boldsymbol{T}_S(\alpha)\boldsymbol{D}'\boldsymbol{T}_S^T(\alpha) \tag{4.10}$$

式中　α—— 主应力方向与偏轴方向的夹角,如图 2.4 所示。

在下一迭代步中采用此本构关系矩阵,但其会随受力状态的变化而变化。

当 $S_1^j > [S]$ 时,单元产生断裂,认为此时单元已经失效,本构矩阵可采用式(4.10)形式,但此单元在以后的迭代步中均采用此形式。

当$[S] > S_1^j > 0 \geqslant S_2^j$ 时,单元的单向发生褶皱,此时应该只计算张拉方向的刚度矩阵。设主应力方向与弹性主轴方向的夹角为 γ(图 2.4),则主应力方向的本构关系为

$$\boldsymbol{D}^* = \boldsymbol{T}_S^T(\gamma)\boldsymbol{D}\boldsymbol{T}_S(\gamma) \tag{4.11}$$

式中

$$\boldsymbol{D}^* = \begin{bmatrix} D_{11}^* & D_{12}^* & D_{13}^* \\ D_{21}^* & D_{22}^* & D_{23}^* \\ D_{31}^* & D_{32}^* & D_{33}^* \end{bmatrix} \tag{4.12}$$

则在单向拉伸的情况下,单元主应力上的材料本构关系为

$$\boldsymbol{D}' = \begin{bmatrix} D'_{11} & 0 & 0 \\ 0 & \beta D'_{11} & 0 \\ 0 & 0 & 0 \end{bmatrix} \tag{4.13}$$

式中

$$D'_{11} = D_{11}^* - \frac{D_{12}^{*\,2}}{D_{22}^*} \tag{4.14}$$

可由式(4.10)计算出局部坐标系下膜单元的本构关系矩阵 $\bar{\boldsymbol{D}}$。

2. 索(杆)单元

假设第 j 增量步内局部坐标系下单元应力为 $\boldsymbol{S}^j$。当 $\boldsymbol{S}^j > 0$ 时,索处于受拉状态,结构计算不需做特殊处理;当 $\boldsymbol{S}^j \leqslant 0$ 或 $\boldsymbol{S}^j > [S]$ 时,说明索发生松弛或断裂,与膜单元处理方法相类似。而杆单元不需要做任何特殊处理。

4.3.3　荷载分析流程图

与结构形态分析的流程图相似,结构荷载分析程序的流程图如图 4.1 所示。

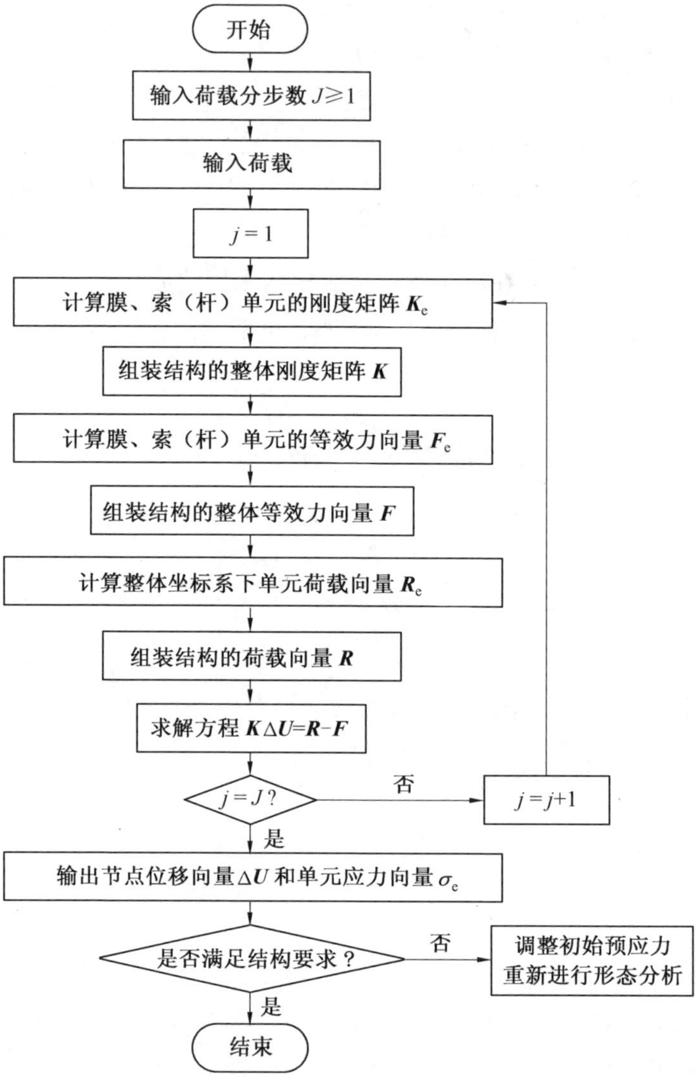

图 4.1　结构荷载分析程序的流程图

4.3.4　算例分析

【算例 4.1】　双曲抛物面索膜组合结构。已知 2.4.6 节中图 2.13 所示的结构中，膜的初始预应力为 $\sigma_x = \sigma_y = 2\ \text{N/mm}^2$，张拉刚度为 $E_1t = E_2t = 255\ \text{N/mm}$，$G_{12}t = 80\ \text{N/mm}^2$，泊松比 $\nu_1 = \nu_2 = 0.6$；四条边索的初始预张力为 30 000 N，刚度 $EA = 3 \times 10^7$ N。索膜组合结构上施加均布向上的荷载0.6 ×

10^{-3} N/mm^2，分别采用EASY软件和本书程序得到中央点的竖向位移为88 mm和84 mm，两者之间的误差为4.5%，四个约束点221、1、101和121的支座反力计算值的比较见表4.1。采用以上两种计算方法所得的支座反力最大误差为2.6%。可以看出，此程序的计算结果是可靠的。

表4.1　计算结果对比

约束点	x方向支反力		y方向支反力		z方向支反力	
	EASY	本书程序	EASY	本书程序	EASY	本书程序
221	0	0.001	41.18	42.27	26.93	27.65
1	0	-0.003	-41.18	-42.27	26.93	27.65
101	-55.32	-56.38	0	-0.002	-38.88	-39.61
121	55.32	56.38	0	0.002	-38.88	-39.61

算例4.1给出了膜片荷载分析的结果，并和EASY软件进行了对比分析，结果表明其可用于固定边界的膜荷载分析。由于文献[42]、文献[43]详述了空间结构协同分析的重要性，因此下面给出一道关于索杆膜空间结构协同荷载分析的算例。在分析中，首先对索杆膜空间结构进行协同形态分析（见第3章），然后在已知形状和预应力分布的初始平衡状态下施加荷载，采用几何非线性有限元方法进行分析，包含索、杆、膜三种单元，考虑索松弛和膜褶皱对结构的影响。协同分析方法可以准确地计算结构的内力，为设计者提供更可靠的依据。

【算例4.2】　双曲抛物面索杆膜空间结构。已知3.4.2节中图3.5所示的结构中，在膜面施加受向上的均布荷载0.6 kN/m^2，膜密度为1.05×10^{-6} kg/mm^2，索体积力为7.693×10^{-5} kg/mm^3，其余条件相同。计算结果如图4.2～4.4所示。为了比较各构件在不同的均布荷载作用下的内力，分别取不同的荷载值施加于膜面上，分析结果如图4.5～4.9所示。

由以上分析表明，随着均布荷载的线性增加，膜片中心节点竖向位移增加，而自由索的张力和杆的压力也随之线性变化，但膜片边索随之呈非线性变化；膜面主应力随着均布荷载的线性增加而线性变化，最大主应力线性增加而最小主应力线性减小，且最大主应力与最小主应力之间的差距变大，甚至有膜单元单向受力的趋势。

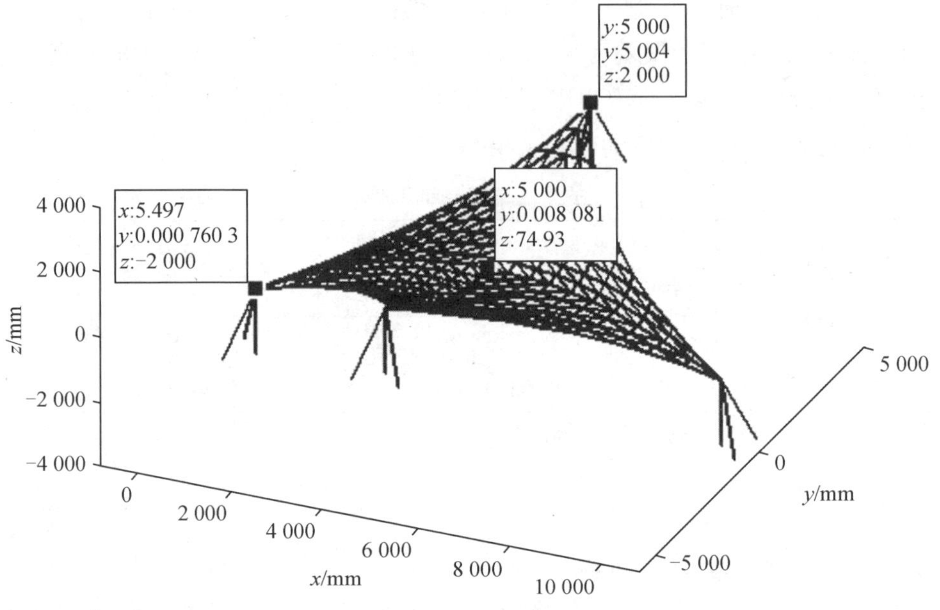

图 4.2　结构受力变形图

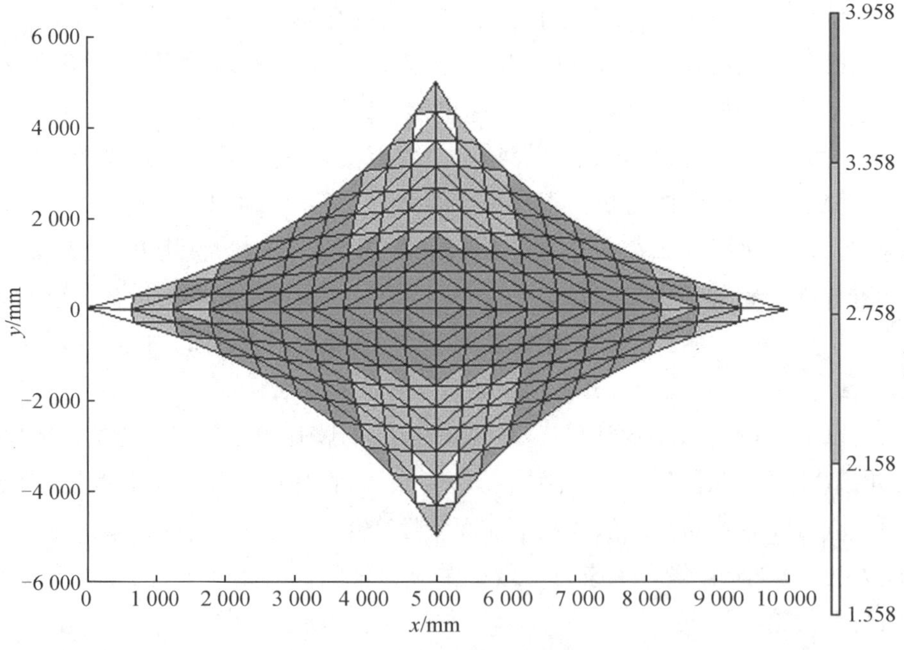

图 4.3　膜面最大主应力图

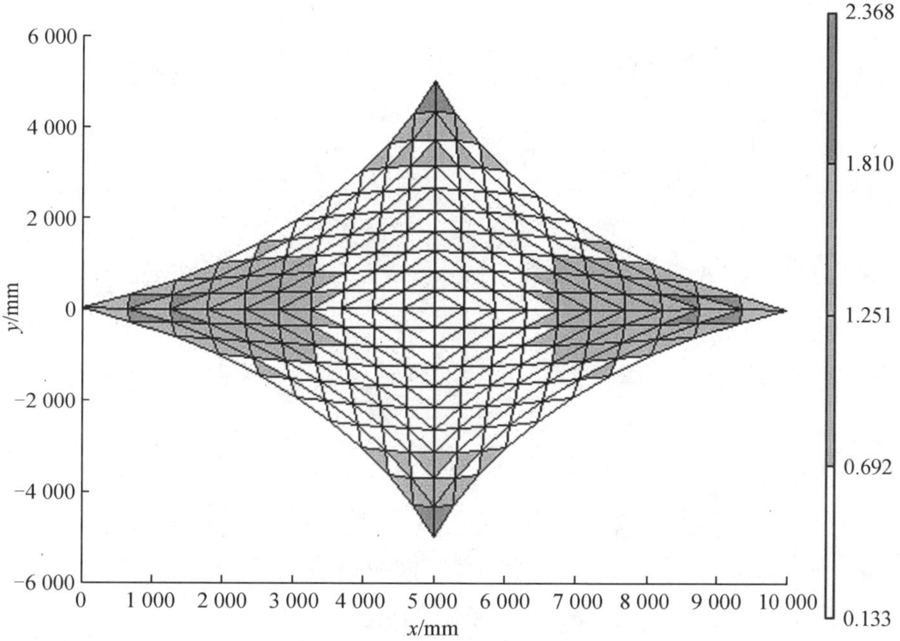

图 4.4　膜面最小主应力图

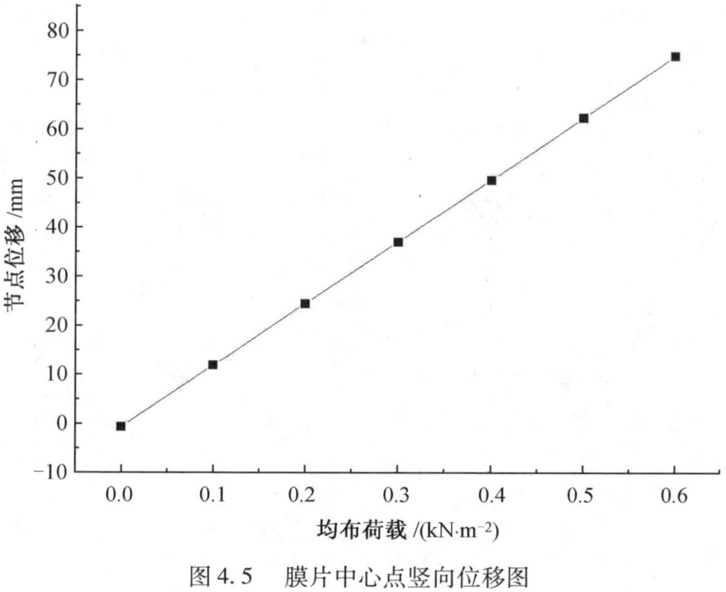

图 4.5　膜片中心点竖向位移图

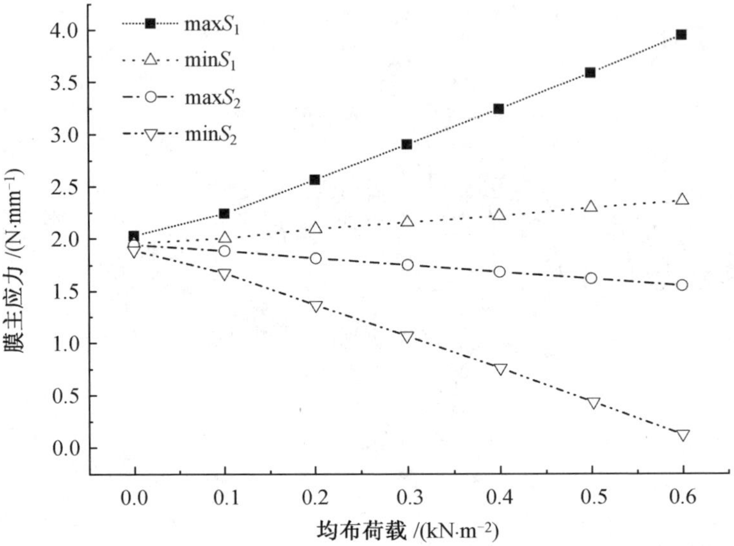

图 4.6　膜面主应力图

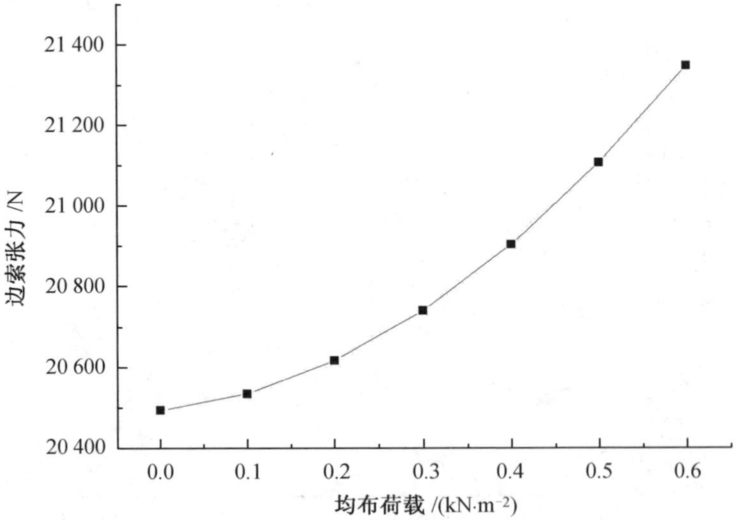

图 4.7　膜片边索平均张力图

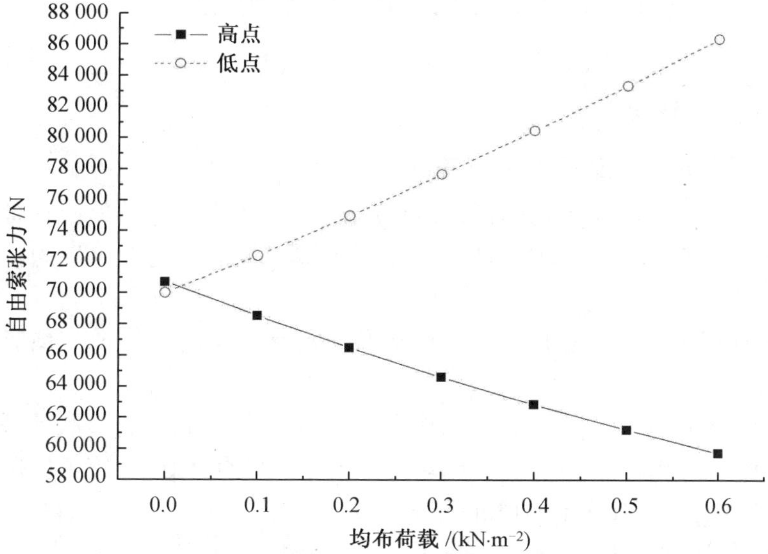

图 4.8　自由索平均张力图

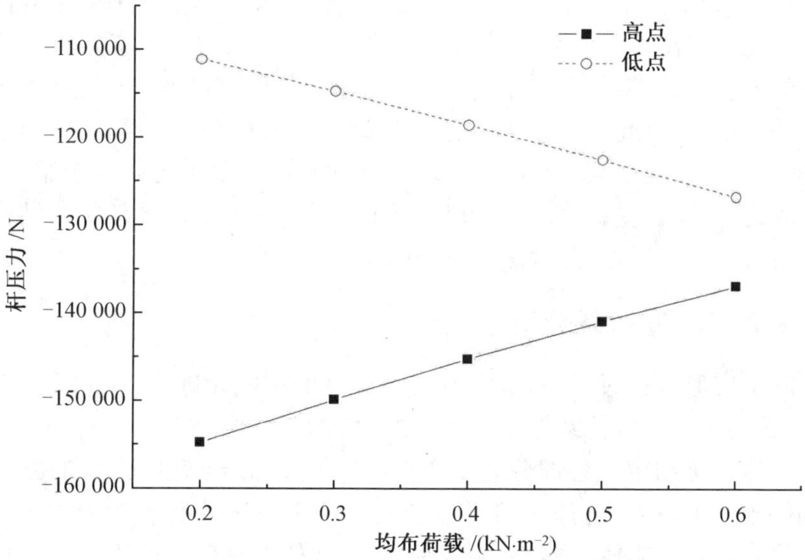

图 4.9　杆压力图

4.4　施工成形态分析

4.4.1　概述

首先介绍预应力结构中三种不同的状态:

(1) 零状态。零状态指结构在无自重、无预应力作用下的放样状态。

(2) 初状态。初状态也被称为预应力态,指结构在自重及预应力作用下的自平衡状态。

(3) 荷载态。荷载态指结构在初状态的基础上承受外荷载及预应力时的受力状态。

传统的索膜荷载分析是在初始形态分析结束后进行,并将索膜的预应力态(无自重作用)和荷载态共同分析,即使单独分析其预应力态(施工成形态),也是在假想的膜预应力分布的情况下进行的,这就造成了施工结束后膜的主应力分布与理论分布之间存在差异的后果,这种差异可达到1 ~ 2倍,因此结构分析时必须考虑由于这种差异所带来的问题。文献[77] 对伞状膜结构的施工成形进行了有限元分析,其基本思想是:首先建立结构的零状态,即给定了控制点的初始坐标而膜面、索未施加任何预应力,然后输入控制点位移(给定张拉行程),最后用迭代法求解。从中可以看出,按此方法进行分析,必须事先给定未张拉时的零状态,而零状态在建筑设计中是未知的,需事先假定,这导致了张拉行程也是假定的,因此这种方法还是假定了初始条件,是不符合设计过程的;另外,如何保证在张拉结束后膜内力能够基本达到设计要求也是一个难题,如要解决此问题,必须反复试算。基于以上分析,本章提出了一种新的膜结构施工成形分析方法,本节将对此方法进行介绍。

4.4.2　温度荷载分析

在施工成形分析过程中,要用到有关温度的有限元理论,在此简单介绍一下;而有关结构在温度荷载作用下的分析,本章将不再阐述。

当物体由于约束或各部分温度变化不均匀,导致热变形不能自由进行时,会在物体中产生应力。物体由于温度变化而引起的应力被称为温度应力。物体由于热膨胀只产生线变形,剪切变形为0,这种由热变形产生的应变可以看作是物体的初应变。

采用有限元计算的基本思路如下:

(1) 计算由热变形产生的初应变 $\boldsymbol{\varepsilon}_0$。索(杆) 单元初应变的表达式为

$$\boldsymbol{\varepsilon}_0 = \alpha \Delta t\{1\} \tag{4.15}$$

式中　α—— 材料的线膨胀系数，钢材 $\alpha = 0.000\ 012\ ℃^{-1}$；

Δt—— 温差，以升温为正。

（2）求相应的初应变引起的等效节点荷载 $\boldsymbol{R}_{\varepsilon 0}$（温度荷载）。

（3）温度荷载与其他荷载共同组成结构的荷载向量，利用结构平衡方程求得节点位移。

（4）求单元应力改变量，这里应包括温度应力。

4.4.3　施工成形态分析

为了消除由于假想的膜预应力分布态与实际施工完毕后膜预应力分布态不一致的状况，本节提出了施工成形态分析思想，即在整体结构预应力态分析完成后，为了消除由假设条件所带来的与实际不符的情况，将边界节点放松到膜内基本不存在预应力的位置，然后再张拉边界点，直至整体结构满足某一约束条件。

施工成形态形成的流程：索（杆）膜空间结构协同形态分析 → 整体结构体系的预应力态分析 → 放松主动张拉索 → 张拉主动张拉索。

由以上分析可以看出，施工成形态的分析基本思想是膜被放松（施工反分析）然后又被张拉。根据施工成形的方式，将张拉式膜结构分为边界张拉式膜结构、中央顶升膜结构和脊谷式膜结构。根据不同结构形式的膜结构，可以找出释放膜应力的构件，对其施加温度，释放膜应力，然后在对此构件施加相反的温度。下面通过算例来进行分析。

【算例 4.3】　双曲抛物面纯膜空间结构。双曲抛物面（图 4.10 和图 4.11）的方程为 $z = -\dfrac{x^2}{20} + \dfrac{y^2}{20}$，$(x,y) \in [-5\sqrt{2}, 5\sqrt{2}]$，膜材经向张拉刚度 $E_1 t = 900\ \text{N/mm}$，$E_2 t = 650\ \text{N/mm}$，$G_{12} t = 10.25\ \text{N/mm}$，泊松比 $\nu_1 = 0.1$，$\nu_2 = 0.072$；膜面预应力为 $3\ \text{N/mm}^2$。

在此算例中，先根据已知条件对膜片进行初始形态分析，然后加入索杆系统（图 4.12）并改变约束条件，进行索杆膜整体结构的协同初始形态分析，最后对主动张拉索加温度荷载，释放膜片的预应力，得到膜片四边的结果见表 4.2。设主动张拉索的弹性模量 $E = 2.0 \times 10^5\ \text{N/mm}^2$，截面面积 $A = 150\ \text{mm}^2$；杆的弹性模量 $E = 2.0 \times 10^{15}\ \text{N/mm}^2$，截面面积 $A = 2\ 632\ \text{mm}^2$；这里把杆的刚度取得很大，是为了减小由于杆单元的弹性变形所引起的误差。由表可见，本书算法与文献[82]误差较小，经向较纬向误差小，误差满足工程要求。

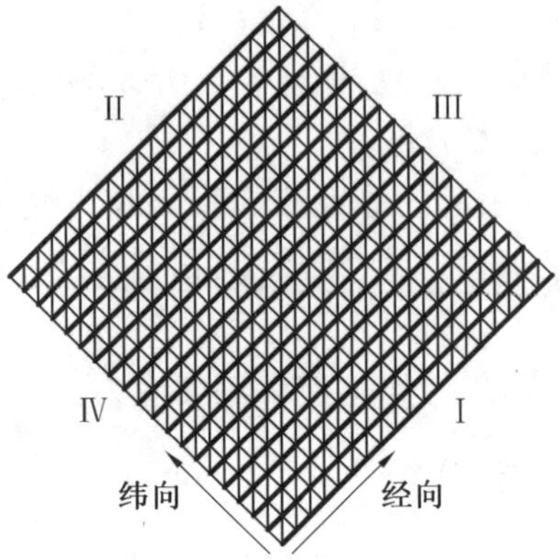

图 4.10　双曲抛物面纯膜结构平面图

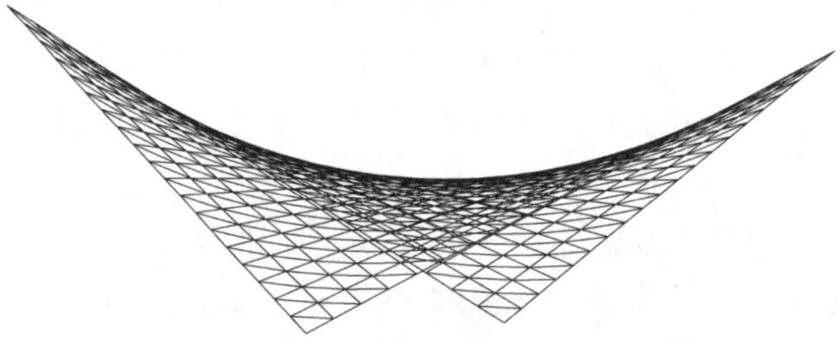

图 4.11　双曲抛物面纯膜结构三维图

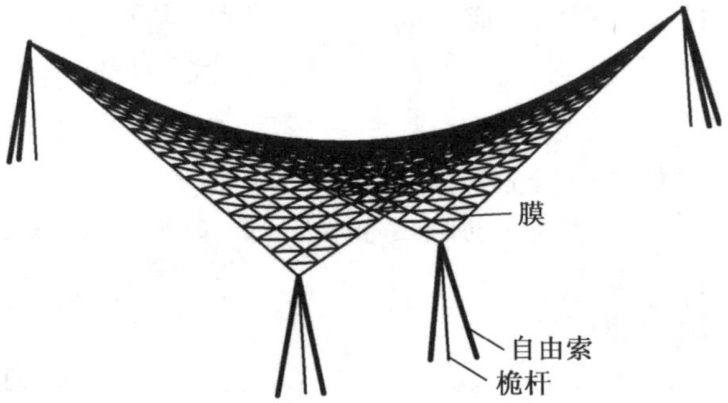

图 4.12　索杆膜空间结构图

表 4.2　释放膜应力的结果对比

项目	松弛前长度 /mm			松弛后长度 /mm		
	文献	本书	误差	文献	本书	误差 /%
Ⅰ	11 180	11 180	0	11 148	11 150	0.02
Ⅱ	11 180	11 180	0	11 148	11 150	0.02
Ⅲ	11 180	11 180	0	11 134	11 149	0.13
Ⅳ	11 180	11 180	0	11 134	11 149	0.13

【算例4.4】　双曲抛物面索杆膜空间结构。与3.3.2节中图3.5所示的结构所有条件均相同。根据此结构的特点，只要释放主动张拉索的张力值，就能够释放膜的初始预应力值，然后再张拉主动张拉索。释放约束条件为主动张拉索索力接近于零。释放主动张拉索后再张拉主动张拉索后膜的主应力分布图如图4.13、图4.14所示；索和杆的内力值见表4.3。由图4.13与图4.14可以看出，再张拉后，膜片中主应力分布变得不均匀，膜片边缘较明显，即出现了边缘效应，这是符合实际情况的。由图4.13、图4.14和表4.3与图3.14可以看出，在满足膜片张力的情况下，膜片中索、主动张拉索和杆单元内力均增加，这就表明主动索理论张拉值小于实际张力值。如果按照理论张拉值进行张拉，那么膜面将不能达到理论张拉值，这对结构是不利的。根据以上分析可知，在荷载分析之前设计人员必须进行施工成形态的分析，这样可以较好地模拟施工张拉过程，为设计和施工提供可靠的依据。

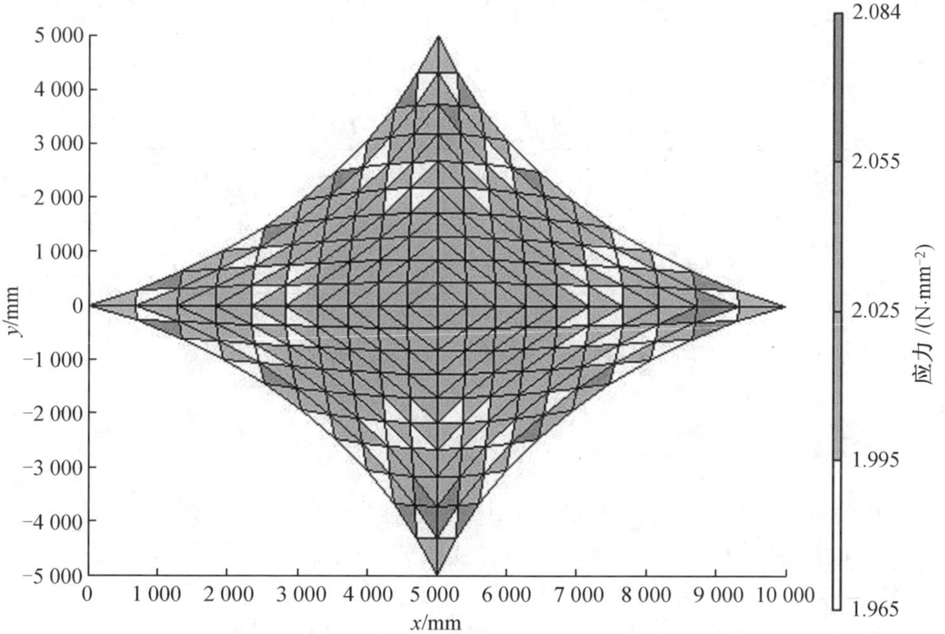

图4.13　膜面最大主应力图

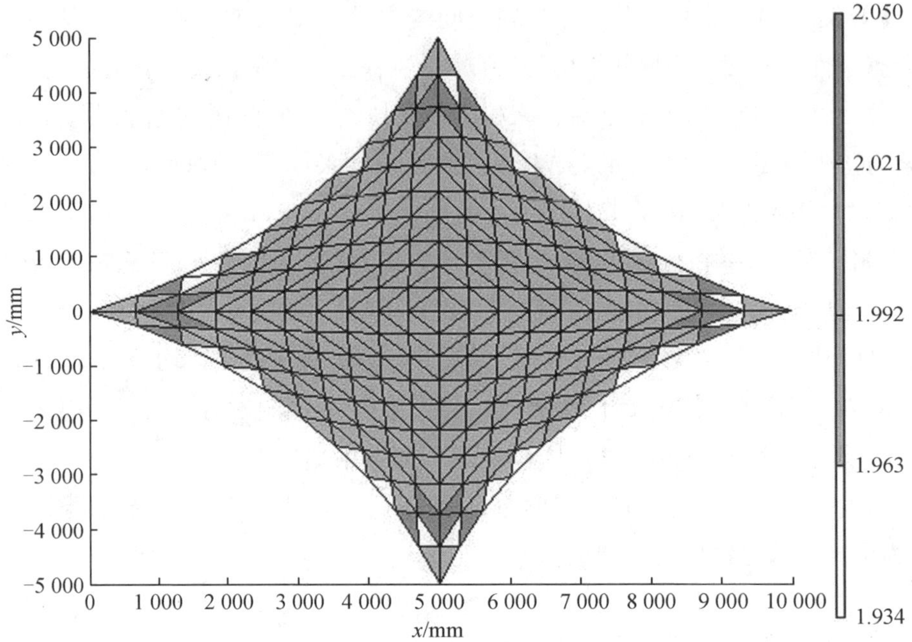

图 4.14　膜面最小主应力图

表 4.3　索和杆的内力　　N

项目	膜片中索张力的平均值	主动张拉索张力		杆单元压力	
		高点	低点	高点	低点
数值	21 004	71 868	71 812	– 157 050	113 580

4.5　裁剪线的确定

4.5.1　概述

在荷载分析完成后，即可进行膜材的裁剪。膜材的裁剪步骤：裁剪线的确定→空间曲面展开平面→预应力的释放。关于膜结构的裁剪目前已有多种方法，德国和国内的一些学者采用的方法大多是从曲面上的测地线出发，进行裁剪线的确定，这种方法确定的裁剪线的终点与目标值存在误差，除此之外，裁剪线的确定方法还有平面切割线法、有限元网格线法等。动态规划法可以近似展开任意曲面，但这种方法不能得到唯一的结果，并且收敛困难，除此之外，曲面展开的方法还有最小二乘法、几何法等；预应力的释放可采用试验方法进行，可以较好地反映膜的应力释放过程，但这需要较多的试验费用，除此之外，预应力释放的方法还有有限元法、弹性回缩比法等。本节将介绍一种新的裁剪线确定的方法并进行膜片整体预应力的释放，对于曲面展开平面本节不进行阐述。

4.5.2　有预应力的膜片裁剪线的确定

文献[79]阐述了利用索杆单元确定裁剪线的方法，本节在此基础之上改进了其算法，得到了较好的精度。

1. 基本原理

在膜面需要裁剪的部位确定裁剪线的起点和终点，用预应力索连接两点；设此索的任一个单元有预张力 F_i，长度 L_i，拉伸刚度 E_iA_i，则此单元的应变能为

$$U_i = \int_0^{L_i} \frac{F_i^2}{2E_iA_i} \mathrm{d}L_i \tag{4.16}$$

若索单元的预张力 F_i 和拉伸刚度 E_iA_i 都是常数，则式(4.16)可写为

$$U_i = \frac{F_i^2 L_i}{2E_iA_i} \tag{4.17}$$

若裁剪线的起点和终点之间有 N 个索单元，则整条索的应变能可以表示为

$$U_i = \sum_{i=1}^{N} \frac{F_i^2 L_i}{2E_iA_i} \tag{4.18}$$

若索的所有单元具有相同的预张力 F 和拉伸刚度 EA，则式(4.18)可以写为

$$U_i = \frac{F^2}{2EA} \sum_{i=1}^{N} L_i \tag{4.19}$$

在索外部作用力做功为零时，由能量守恒原理可知，索的应变能等于索的势能。根据最小势能原理，当整个体系中势能最小时，可以获得全部索单元组装后的平衡状态，反之亦然。由式(4.19)可以看出，势能最小时 $\sum_{i=1}^{N} L_i$ 最小。因此，当两个端点之间固定的等张力索在膜面上自由滑动时，最终索的平衡位置就是膜面上两个固定端点间最小距离的位置，即为这两个端点之间的测地线。

2. 算法

(1) 对膜结构进行初始形态分析，获得膜面。

(2) 根据膜卷的宽度初步确定等张力索的端点位置。

(3) 将两端点之间的直线向 $X-Y$ 面做垂面，与膜面的交线成为索的初始位置。因为膜面三角形单元为平面单元，所以不用像文献所述那样在每个三角形平面单元中划分5～10个索单元来模拟膜面的曲率，既减小了编程难度又减

少了计算时间。然后由交线与膜面三角形单元的边形成的交点做垂直膜面的支杆,其中支杆长度为索单元长度的100倍,刚度为索刚度的100倍,其目的是消除由于支杆的运动所产生的应变能。

(4) 将膜面所有单元固定,然后对索、杆进行有限元分析,得到索杆的平衡位置,此时索已离开膜面。

(5) 根据索在 $X-Y$ 面上的坐标,可以判别索所在的膜单元位置,将索重新投影到膜面上,重新确定支杆的位置。

(6) 重复(4) 和(5) 步,直至前后两次裁剪线的长度差小于精度值。

3. 算例分析

【算例4.5】 圆柱面的裁剪线。柱面半径为1 m,长度为3 m。测地线的两个端点为半柱面的对角点。由于柱面是可展曲面,因此当半柱面展平后,测地线的两个端点的直线长度为4.343 m。索的初始位置为这两点之间直线向 $X-Y$ 面所作的垂面和柱面的交线(图4.15、图4.16)。根据所得交线,由交点向交点所在膜单元做垂直的支撑杆(图4.17),将膜片固定,进行索杆系统的有限元分析,向膜面投影索的平衡位置。经过反复投影,最终得到裁剪线位置(图4.18、图4.19所示的点划线为裁剪线)。本节算法与文献[80] 的对比见表4.4。由表4.4 可以看出,本书算法与理论值相差1 mm,比文献精确,并且迭代次数少于文献迭代次数。

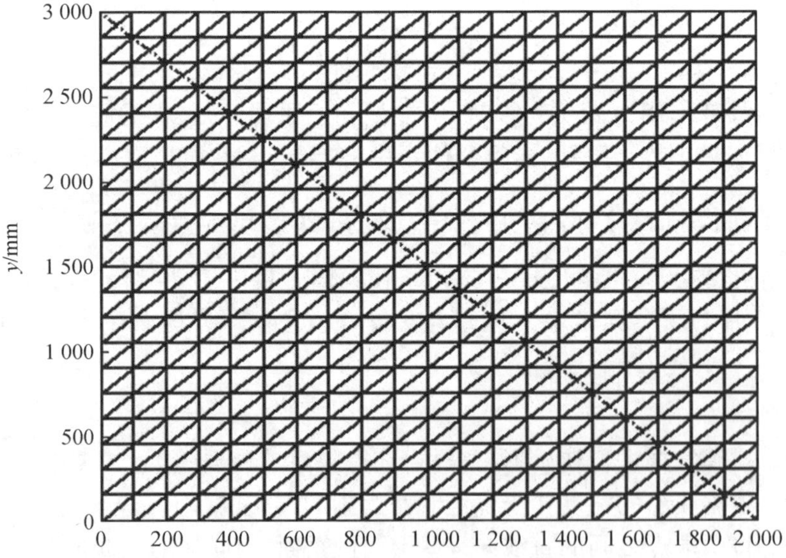

图4.15　裁剪线初始位置平面图

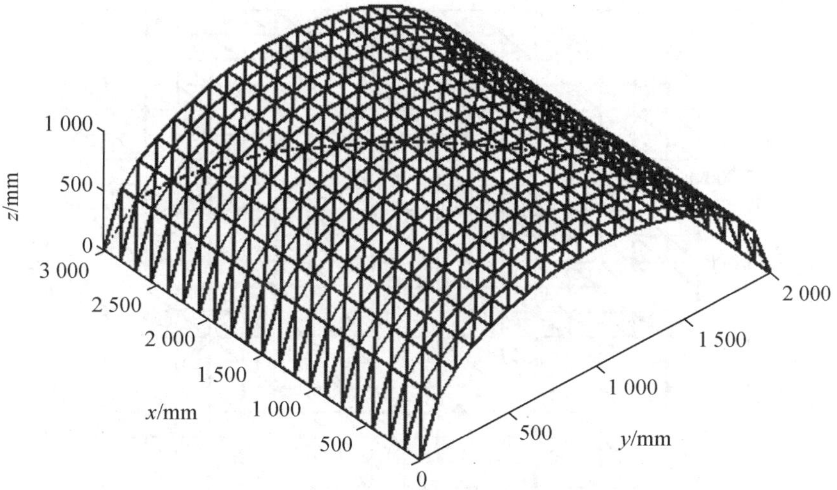

图 4.16　裁剪线初始位置三维图

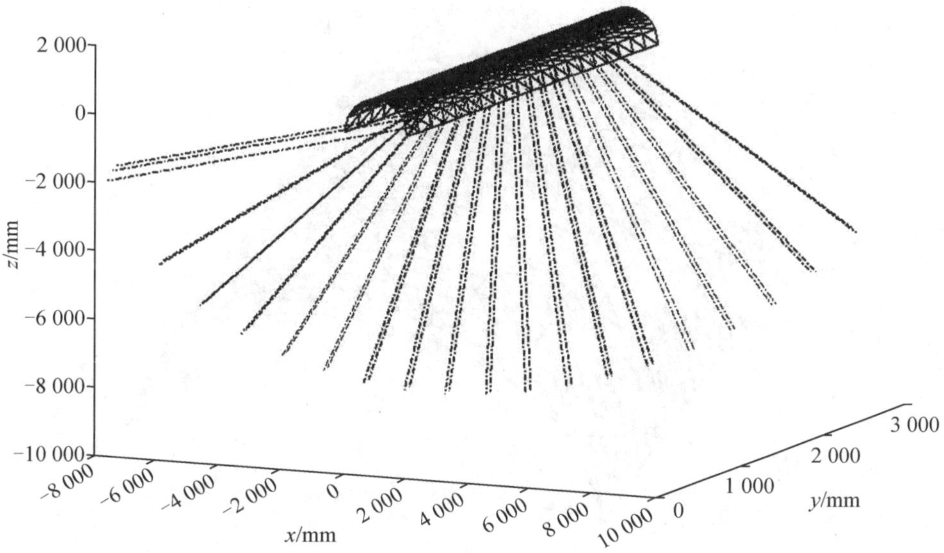

图 4.17　支杆示意图

表 4.4　本书与文献[80] 结果对比

项目	理论值	文献	本书
裁剪线长度 /m	4.343	4.337	4.342
迭代次数	—	10	5

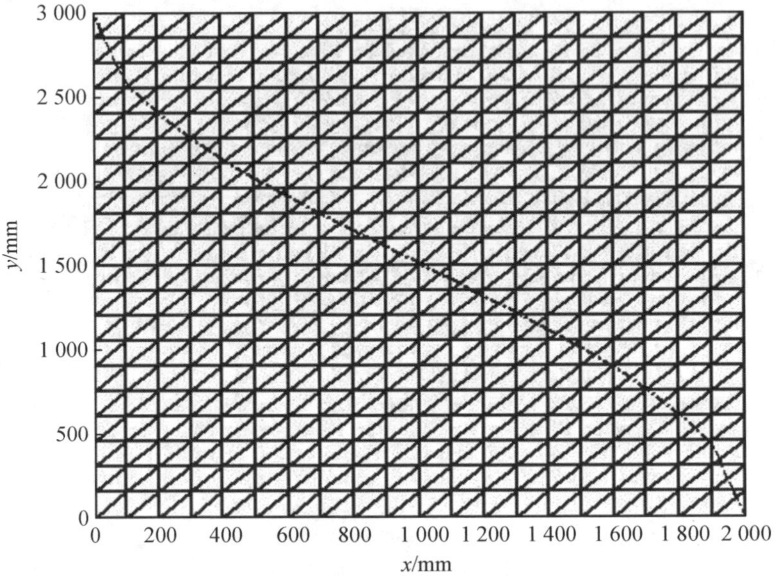

图 4.18 裁剪线最终位置平面图

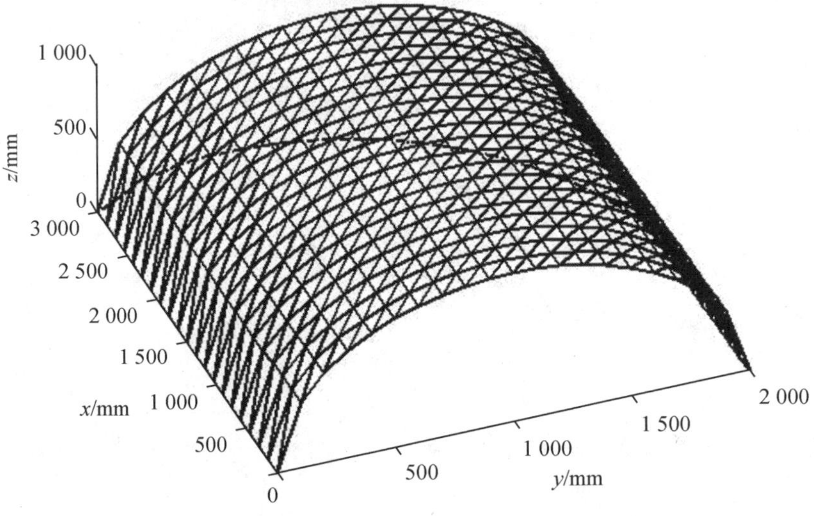

图 4.19 裁剪线最终位置三维图

【算例4.6】 双曲抛物面索杆膜空间结构。已知3.3.2节中图3.5所示的结构所有条件均相同。初始裁剪线位置平面图和最终裁剪线位置平面图如图4.20、图4.21中的点划线(共7条裁剪线)所示。在图4.21中,中间的一条线(点1到点221)是*yoz*平面与双曲面相交所产生的,并且双曲面是关于*yoz*平面对称的,因此此中间线两边的线也应该对称,且此中间线即为测地线。经过对比可知,本节得到的测地线是关于 *yoz* 平面对称的,中间测地线长度与理论值相差仅 0.5 mm,可见应用本书算法可以正确地得到膜面上的测地线群。

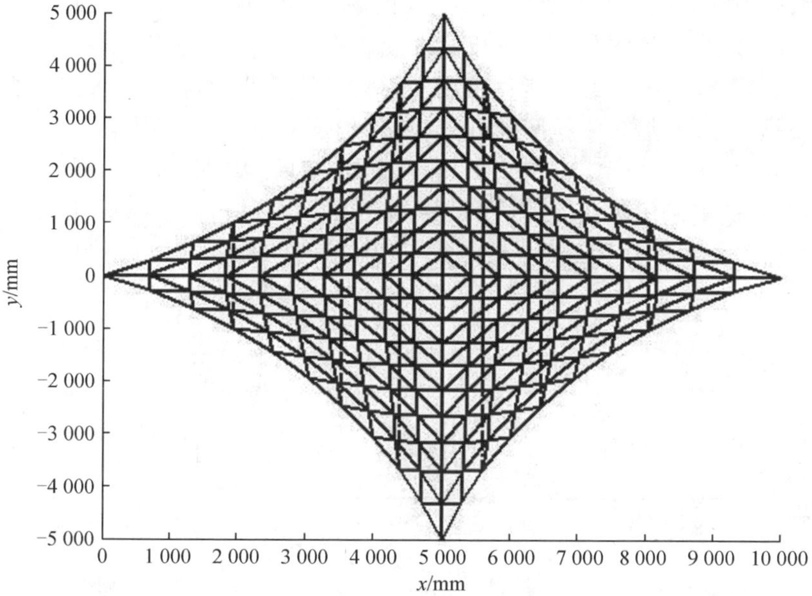

图 4.20　初始裁剪线位置平面图

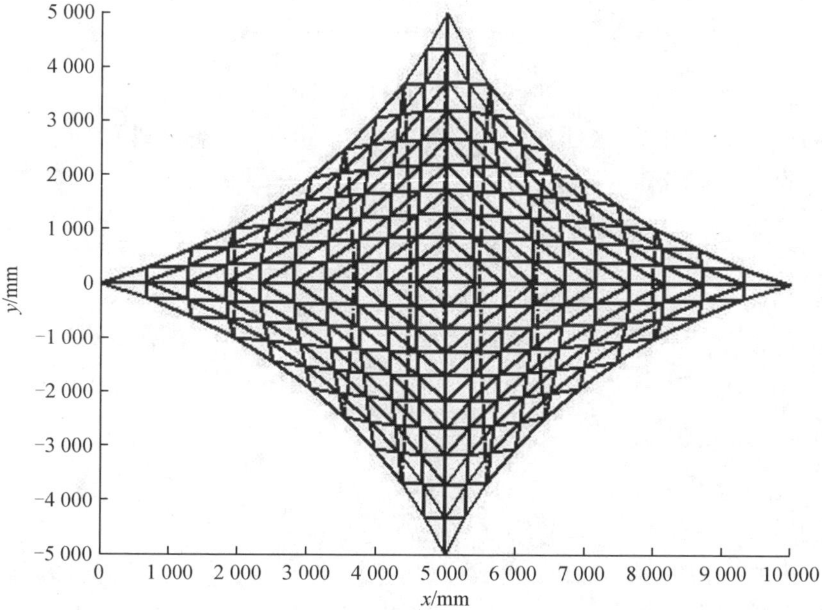

图 4.21　最终裁剪线位置平面图

4.5.3　无预应力的膜片裁剪线的确定

得到裁剪线后,就可进行膜片预应力的释放,这样裁剪线就会随着膜片的收缩而变化,最终得到无预应力下膜片裁剪线的位置。但是,裁剪线的存在破坏了膜面三角形单元,因此不能直接用带有裁剪线的膜片进行预应力的释放。本节解决此问题的思路:张拉膜荷载分析 → 确定裁剪线 → 不带裁剪线的膜片预应力的释放 → 重新确定裁剪线。可以看出,裁剪线的重新确定是一个需要解决的问题,这里采用等比例缩放的方法确定裁剪线的位置。如图 4.22 所示,悬臂杆件在张力 T 的作用下伸长 ΔL,杆件为线弹性等刚度杆,刚度为 EA,不考虑自重,则

$$\varepsilon = \frac{T}{EA} \tag{4.20}$$

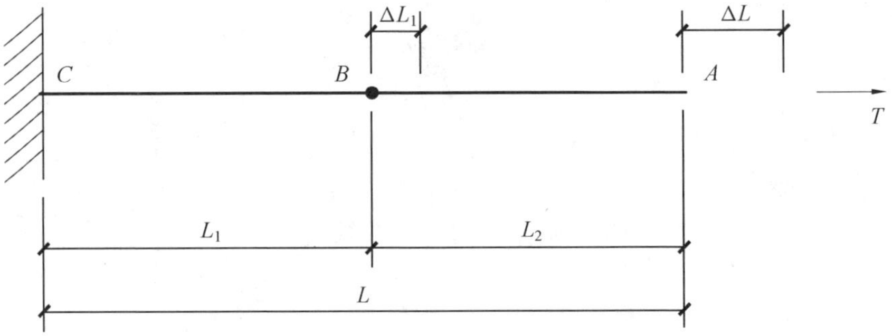

图 4.22　悬臂杆件示意图

由式(4.20) 可见,当杆件的拉力和刚度一定时,沿着杆件的应变是不变的,则根据图 4.22 有

$$\varepsilon = \frac{\Delta L}{L} = \frac{\Delta L_1}{L_1} \tag{4.21}$$

经变换,可得

$$\Delta L_1 = \frac{L_1}{L}\Delta L \tag{4.22}$$

将式(4.22) 代入式$\frac{L_1 + \Delta L_1}{L + \Delta L}$中,可得

$$\frac{L_1 + \Delta L_1}{L + \Delta L} = \frac{L_1}{L} \tag{4.23}$$

当杆件受压时,式(4.23) 也成立。由式(4.23) 可知,当线弹性等刚度杆件缩放后,在杆件上的任意一个节点(如图 4.22 中的 B 点) 相对于杆件的位置是不变的。由于膜面采用线弹性等刚度三角形单元,因此可根据上述原则确定

膜片收缩后裁剪线的位置。

本章小结

本章首先给出了荷载分析时所用的平衡方程和应力求解公式，提出了判断索松弛和膜褶皱的原则及相应的处理方法；给出了静力分析的流程图，编制了相应的程序，随后用索杆膜空间结构的算例进行了参数的分析；然后利用温度荷载提出了施工成形态分析思想；最后给出了一种裁剪线确定的方法，并讨论了如何利用膜片预应力的释放方法确定膜片预应力释放后的裁剪线的位置。得到了如下结论：

(1) 在双曲抛物面索杆膜空间结构中，随着均布荷载的线性增加，膜片中心节点竖向位移增加，而自由索的张力和杆的压力也随之线性变化，但膜片边索随之呈非线性变化；膜面主应力随着均布荷载的线性增加而线性变化，最大主应力线性增加而最小主应力线性减小，且最大主应力与最小主应力之间的差距变大，甚至有膜单元单向受力的趋势。

(2) 施工成形态的分析可以消除由假想的膜预应力分布态所带来的与实际施工完毕后膜预应力分布态不一致的状况。

(3) 利用施工成形态反分析的思想可以给出膜片的零态，进行膜片整体的预应力释放，而不用在裁剪成条元后单独释放，节约了裁剪时间，裁剪线边界协调统一。

(4) 本章提出的确定裁剪线的方法可以直接给定裁剪线的终点，解决了测地线法得到的终点与目标值存在误差的缺点，并且只利用已有的索杆系统就能完成裁剪线的确定，算法简便易行，结果精确，迭代次数少。

(5) 本章给出了等比例缩放的方法，此方法不需破坏原有的结构网格就可重新确定裁剪线的位置，原理简单，便于确定裁剪线在零态时的位置。

(6) 对采用刚性边界的膜结构预应力的释放，除了根据结构本身的特点可以用释放索(脊索或谷索)张力的方法进行膜片预应力的释放，还可以采用边界节点去除刚性边界加入索杆系统的方法进行膜片预应力的释放。

第 5 章　张拉式膜结构中索滑移的研究

5.1　概　　述

钢索是膜结构重要结构性构件之一,特别是张拉式膜结构,它通过张拉钢索(图 5.1) 使膜结构获得刚度。在实际工程中,张拉膜柔性边界节点(主要指膜与柔性索连接的节点,如图 5.1 ~ 5.6 所示) 采用最广泛的是膜套节点(图 5.2 ~ 5.6);膜脊谷节点中柔性脊谷节点(图 5.7、图 5.8) 较为常用。无论是张拉膜的柔性边界节点还是柔性脊谷节点,当索膜间的剪力大于索与膜套之间的摩擦力时,索就会在膜套中(或膜表面上) 滑移,此时必须采用滑移索单元进行索膜的结构分析。但现在所有的膜结构分析软件均未考虑索在膜套中或在膜表面上滑移的问题,这会导致设计索力不均、膜应力差异较大等一系列问题。由于非线性有限元方法在结构分析中被广泛采用,所以本章基于此方法,采用线弹性模型和非线性滑移刚度模型建立了一种适合于索膜结构的新的滑移索单元。

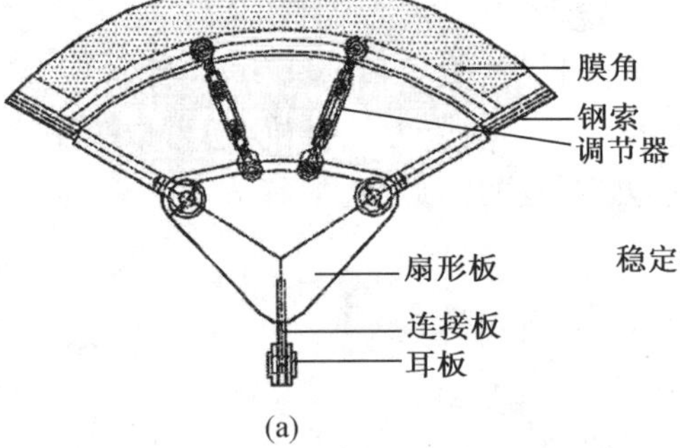

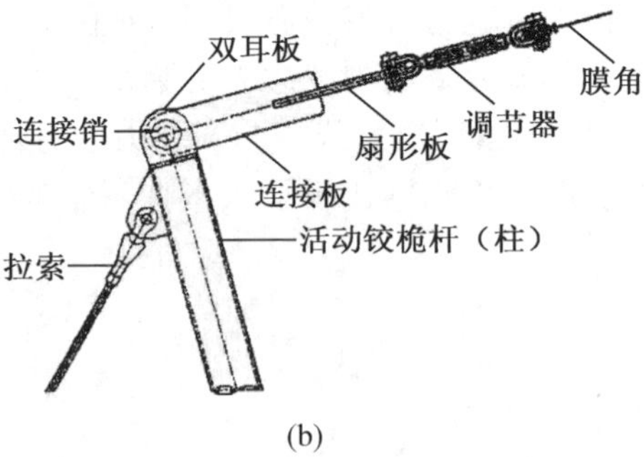

图 5.1　张拉式膜结构

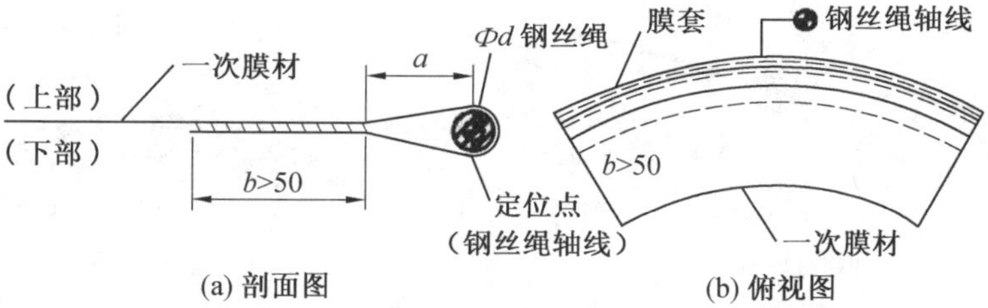

图 5.2　整体式膜套节点

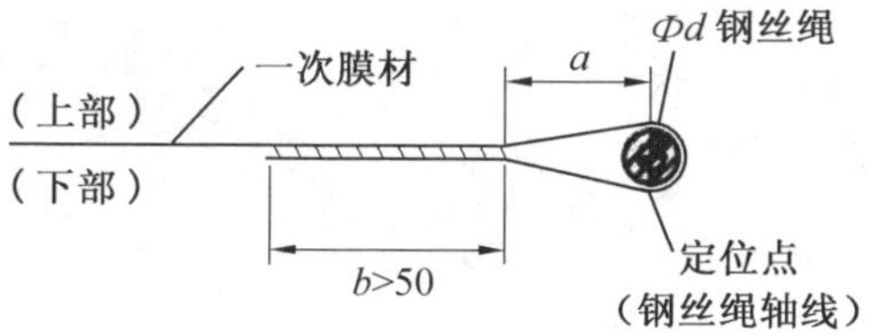

图 5.3　分离式膜套节点

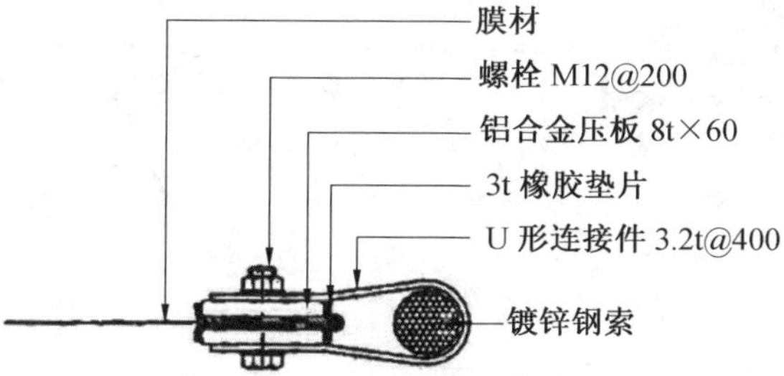

图 5.4　U 形夹板边索节点

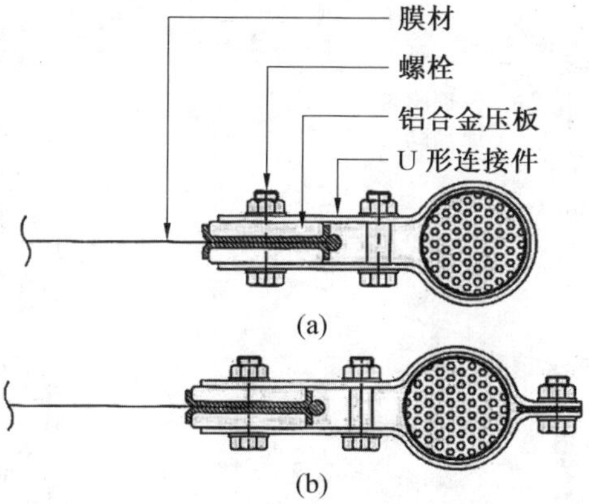

图 5.5　U 形夹板边索与脊谷索节点

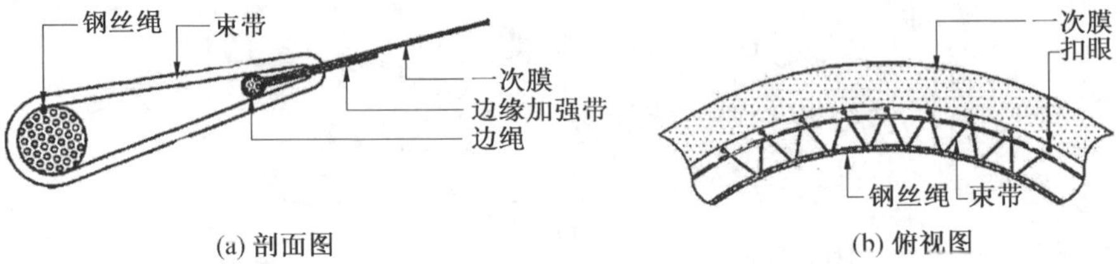

图 5.6　束带节点

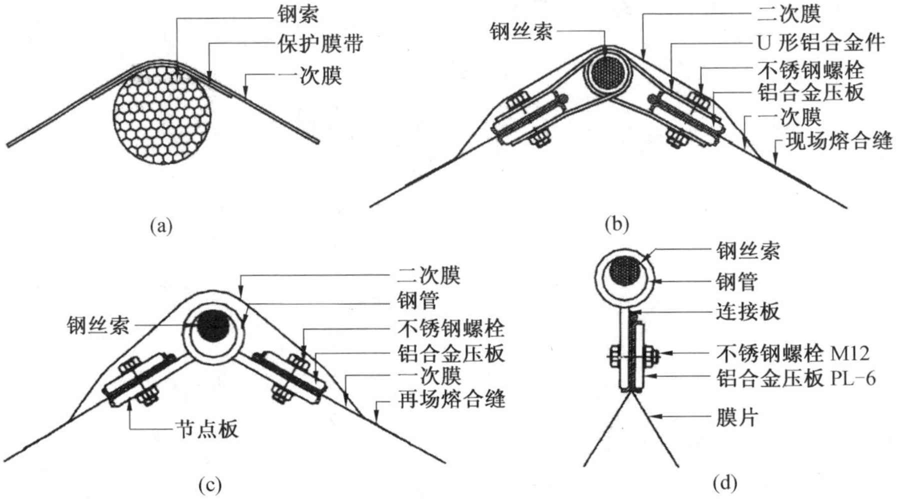

图 5.7　柔性膜脊节

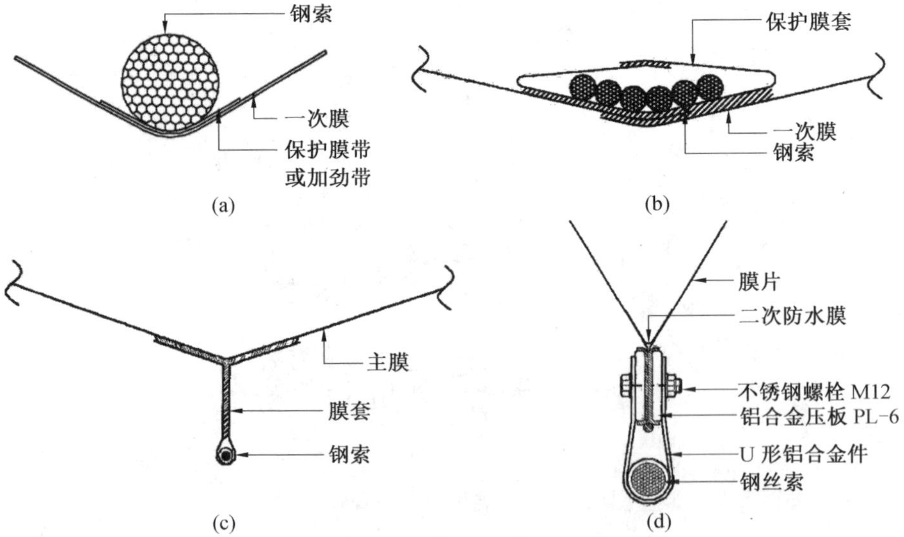

图 5.8　柔性膜谷节点

5.2　张拉式膜结构中索无摩擦滑移问题的分析

5.2.1　滑移索单元计算方法简介

滑移索又被称为连续索。因连续索与离散索相比,不仅要满足节点平衡条件,还要满足相容性条件,所以常规的有限元方法不便求解。目前,滑移索的数值模型主要有以下三种。

1. 线弹性模型

文献[81]推导了一条以多折索为一个单元的分析方法,适用于索－桁结构;文献[82]利用拉力分配法推导了滑移索单元,并给出多节点索的滑移算法,该方法概念清晰、计算简单,但力的分配只依赖于索段长度,精度不高;文献[83]提出滑移索系结构的冷冻－升温法,该法利用现有的有限元分析工具,通过虚加温度荷载的办法来解决加载过程中索的滑移问题。该方法构思新颖,简单明了,但其收敛速度与 β 值有关,不易掌握控制;文献[41]通过每根索的总变形量求出每根索的平均拉力,此方法在索受到较均匀荷载的作用时比较有效。

综上所述,这种模型采用线性理论求解较为简单,但由于索结构的变形呈现高度的几何非线性,所以线弹性模型精度不高,使用范围受到限制。

2. 非线性模型

文献[84]通过推导单根索段的滑移刚度来考察索段的滑移,但所建立的滑移刚度计算过程相当复杂,不便于应用;文献[85]基于非线性弹性理论推导了两跨连续索在中间节点滑移的一种理论解法,但该方法只对中间节点滑移进行了求解,不便于扩展到多跨连续索结构;文献[86]虽然针对的都是连续索滑移问题,但所建立的模型都是柔性拉索的悬链线索单元,不便于应用到其他单元模型,同时都要对索单元刚度矩阵进行修正,计算过程相当复杂。

综上所述,这种模型考虑了滑移索的非线性,求解精度较高,但计算过程相当复杂,不便于应用。

3. 其他模型

文献[87]在三节点曲线索单元的基础上依据 Ressiner 变分原理对索道等连续长索的滑移问题进行了分析;文献[88]采用附加广义自由度的方法来考虑索段的滑移;文献[86]分别建立了调整支点两侧索力的方法,从而得到结构的平衡状态;文献[89]建立了一种新的单元,精确地模拟了索在由一个链杆连接的滑轮上的滑动，但这种单元不能分析滑轮固定在结构某一点上的情况，所以应用范围有限。

在结构分析中，由于非线性有限元方法被广泛采用，所以本节基于此方法，采用线弹性模型和非线性滑移刚度模型建立了一种新的无摩擦滑移索单元，从而解决索在膜套中滑移的问题。

由于索膜结构的曲率一般不是很大，在索单元长度较短时，用直线单元来模拟不会产生很大的误差，并且计算简单；同时，若欲提高精度也可以通过加密单元来实现，因此结构分析时采用了两节点直线索单元。

5.2.2　基本假设

(1) 索是理想柔性的，且满足胡克定律。

(2) 节点为理想无摩擦的铰接节点。

(3) 索在膜套中是无摩擦滑移的。

5.2.3　索单元的基本方程

索单元的基本方程见第 2.3.2 节。每一迭代步内节点位移增量为

$$\Delta\boldsymbol{\delta}_{e} = [\Delta u_1 \quad \Delta v_1 \quad \Delta w_1 \quad \Delta u_2 \quad \Delta v_2 \quad \Delta w_2]^{T} \tag{5.1}$$

5.2.4　单元原长与端部张力的关系

索单元张力

$$T = T_0 + \Delta T = T_0 + EA\Delta\varepsilon \tag{5.2}$$

式中　T_0—— 索元的初始张力；

E—— 索元的弹性模量；

A—— 索元的截面面积；

$\Delta\varepsilon$—— 索元的应变增量，其表达式为

$$\Delta\varepsilon = \Delta\varepsilon_{L} + \Delta\varepsilon_{NL} = B_{L}\Delta\boldsymbol{\delta}_{e} + \frac{1}{2}\Delta A\Delta\theta \tag{5.3}$$

其中，B_L、ΔA、$\Delta\theta$ 的具体表达式见第 2.3.2 节。

将式(5.3) 代入式(5.2) 中，两边对索原长微分，则

$$\mathrm{d}T = \varphi\mathrm{d}l \tag{5.4}$$

用增量代替式(5.4) 的微分，则

$$\Delta T = \varphi\Delta l \tag{5.5}$$

$$\varphi = \varphi_1 + \varphi_2 \tag{5.6}$$

$$\varphi_1 = EA\frac{\mathrm{d}\Delta\varepsilon}{\mathrm{d}l} \tag{5.7}$$

$$\varphi_2 = \frac{\mathrm{d}T_0}{\mathrm{d}l} \tag{5.8}$$

式(5.5)中的 φ 即为滑移刚度，其物理含义为索单元原长改变单位长度时所需改变的张力值。

5.2.5　单元滑移刚度的计算

1. φ_1 的计算

将式(5.3)代入式(5.7)得

$$\begin{aligned}\varphi_1 &= EA\left(\frac{\mathrm{d}\Delta\varepsilon_{\mathrm{L}}}{\mathrm{d}l}+\frac{\mathrm{d}\Delta\varepsilon_{\mathrm{NL}}}{\mathrm{d}l}\right)=EA\left(\frac{\mathrm{d}B_{\mathrm{L}}}{\mathrm{d}l}\Delta\delta_{\mathrm{e}}+\frac{1}{2}\frac{\mathrm{d}\Delta A}{\mathrm{d}l}\Delta\theta+\frac{1}{2}\Delta A\frac{\mathrm{d}\Delta\theta}{\mathrm{d}l}\right)\\ &=EA\Big(-\frac{1}{l^2}[-1\quad 0\quad 0\quad 1\quad 0\quad 0]\Delta\boldsymbol{\delta}_{\mathrm{e}}+\\ &\left(-\frac{1}{l^3}\right)\Delta\boldsymbol{\delta}_{\mathrm{e}}^{\mathrm{T}}\begin{bmatrix}1&0&0&-1&0&0\\0&1&0&0&-1&0\\0&0&1&0&0&-1\\-1&0&0&1&0&0\\0&-1&0&0&1&0\\0&0&-1&0&0&1\end{bmatrix}\Delta\delta_{\mathrm{e}}\Big)\end{aligned} \tag{5.9}$$

将式(5.1)代入式(5.9)，得

$$\varphi_1 = EA\left[\frac{\Delta u_1-\Delta u_2}{l^2}-\frac{(\Delta u_1-\Delta u_2)^2}{l^3}\right] \tag{5.10}$$

2. φ_2 的计算

由于在局部坐标系下，T_0 是常数，所以

$$\varphi_2 = \frac{\mathrm{d}T_0}{\mathrm{d}l}=0 \tag{5.11}$$

将式(5.10)和式(5.11)代入式(5.6)，得

$$\varphi = \frac{EA(\Delta u_1-\Delta u_2)}{l^2}-\frac{EA(\Delta u_1-\Delta u_2)^2}{l^3} \tag{5.12}$$

5.2.6　索单元滑移的基本原理

取一段索和与其相接触的部分膜面(图5.9)进行分析，索与膜之间的受力关系如图5.10所示(T_{mm}、T_{kk} 为膜中 m 单元与 k 单元的预拉力集度；T_{m}、T_{k} 为膜单元给予相应索单元的预拉力集度；Q_{m}、Q_{k} 为索单元给予相应膜单元的支撑力集度；F_{i}、F_{j} 为 Q_{m}、Q_{k} 的支反力；f_{i}、f_{j} 为索膜之间的摩擦力；T_{i}、T_{j} 为索张力；图中

忽略了外荷载作用）。由于膜单元为直边三角形单元而索单元为直线单元，所以可将与索接触的膜边均布支撑力及摩擦力转化为集中力，取 M 节点处相邻的两索段单元，其受力情况如图 5.11 所示。

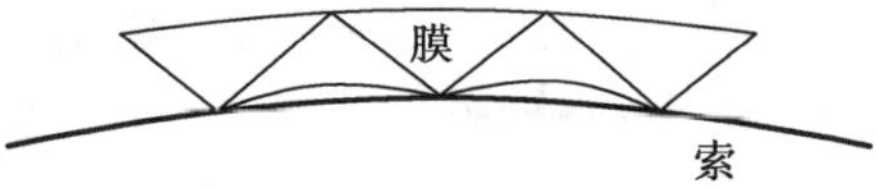

图 5.9　索积与其接触的部分膜面

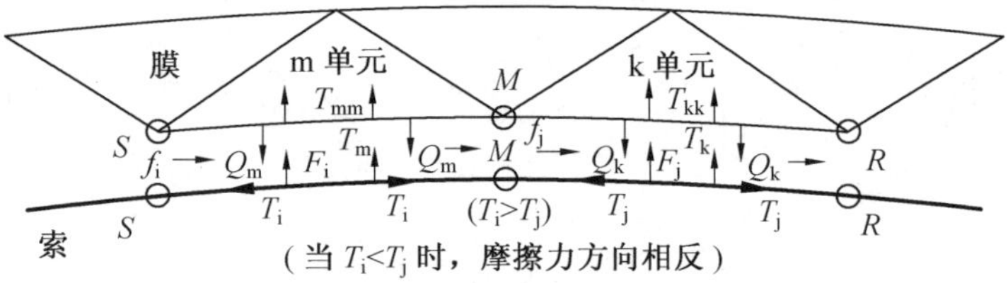

图 5.10　索与膜之间的受力关系

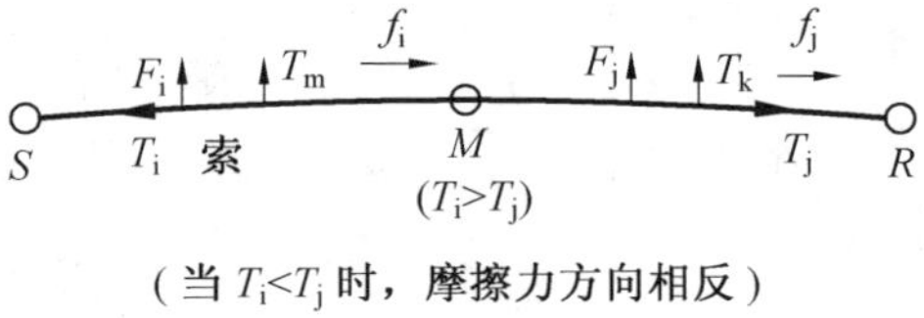

图 5.11　滑移索的受力情况

索在节点处无摩擦自由滑移的力学意义是滑移单元在节点处满足张力连续的条件。根据滑移的力学意义，可以这样来考虑：首先假设各节点处无滑移，即索与膜的节点相对固定，用初始态时各索单元的长度 l_i^0 作为各单元的原长求解平衡方程，算出各单元节点位移向量，更新节点坐标，求得各索单元的端部张力值 $T_i^s(s=1,2,\cdots,n,n$ 个单元）。

在 t 时刻考察节点 M 及两侧单元 i、j，此时，一般 $T_i^t \neq T_j^t$，放松节点 M，则左右两侧单元 i、j 产生滑移，设滑移量为 Δl_M^t，由式(5.5) 可知：

t 时刻 i 单元张力改变量为

$$\Delta T_i^t = \varphi_i^t \Delta l_i^t \tag{5.13}$$

t 时刻 j 单元张力改变量为

$$\Delta T_j^t = \varphi_j^t \Delta l_j^t \tag{5.14}$$

根据滑移条件（张力连续条件），得

$$T_i^t + \Delta T_i^t = T_j^t + \Delta T_j^t \tag{5.15}$$

情况 1　$T_i > T_j$，则

$$\Delta l_{\mathrm{i}}^{t} = \Delta l_{\mathrm{M}}^{t}, \Delta l_{\mathrm{j}}^{t} = -\Delta l_{\mathrm{M}}^{t} \tag{5.16}$$

将式(5.13)、式(5.14)和式(5.16)代入式(5.15),得

$$\Delta l_{\mathrm{M}}^{t} = \frac{T_{\mathrm{j}}^{t} - T_{\mathrm{i}}^{t}}{\varphi_{\mathrm{i}}^{t} + \varphi_{\mathrm{j}}^{t}} \tag{5.17}$$

则

$$T_{\mathrm{i}}^{t+1} = T_{\mathrm{i}}^{t} + \Delta T_{\mathrm{i}}^{t} = T_{\mathrm{i}}^{t} + \frac{\varphi_{\mathrm{i}}^{t}}{\varphi_{\mathrm{i}}^{t} + \varphi_{\mathrm{j}}^{t}}(T_{\mathrm{j}}^{t} - T_{\mathrm{i}}^{t}) \tag{5.18}$$

$$T_{\mathrm{j}}^{t+1} = T_{\mathrm{j}}^{t} + \Delta T_{\mathrm{j}}^{t} = T_{\mathrm{j}}^{t} - \frac{\varphi_{\mathrm{j}}^{t}}{\varphi_{\mathrm{i}}^{t} + \varphi_{\mathrm{j}}^{t}}(T_{\mathrm{j}}^{t} - T_{\mathrm{i}}^{t}) \tag{5.19}$$

情况 2　$T_{\mathrm{i}} < T_{\mathrm{j}}$,则

$$\Delta l_{\mathrm{i}}^{t} = -\Delta l_{\mathrm{M}}^{t}, \Delta l_{\mathrm{j}}^{t} = \Delta l_{\mathrm{M}}^{t} \tag{5.20}$$

将式(5.13)、式(5.14)和式(5.20)代入式(5.15),得

$$\Delta l_{\mathrm{M}}^{t} = \frac{T_{\mathrm{j}}^{t} - T_{\mathrm{i}}^{t}}{\varphi_{\mathrm{i}}^{t} + \varphi_{\mathrm{j}}^{t}} \tag{5.21}$$

则

$$T_{\mathrm{i}}^{t+1} = T_{\mathrm{i}}^{t} + \Delta T_{\mathrm{i}}^{t} = T_{\mathrm{i}}^{t} - \frac{\varphi_{\mathrm{i}}^{t}}{\varphi_{\mathrm{i}}^{t} + \varphi_{\mathrm{j}}^{t}}(T_{\mathrm{i}}^{t} - T_{\mathrm{j}}^{t}) \tag{5.22}$$

$$T_{\mathrm{j}}^{t+1} = T_{\mathrm{j}}^{t} + \Delta T_{\mathrm{j}}^{t} = T_{\mathrm{j}}^{t} + \frac{\varphi_{\mathrm{j}}^{t}}{\varphi_{\mathrm{i}}^{t} + \varphi_{\mathrm{j}}^{t}}(T_{\mathrm{i}}^{t} - T_{\mathrm{j}}^{t}) \tag{5.23}$$

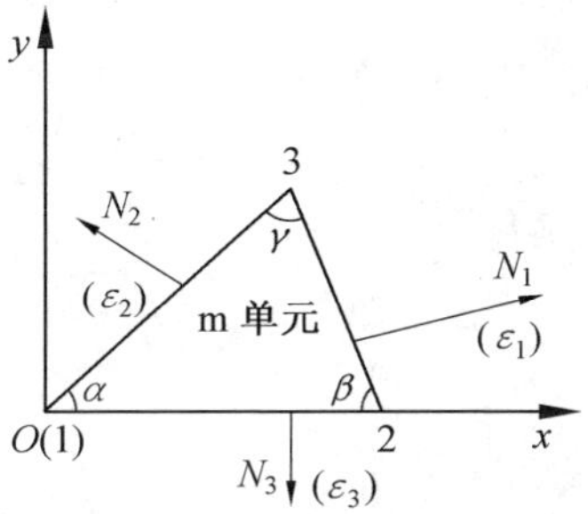

图 5.12　定义膜三角形单元

5.2.7　迭代求解方法

由式(5.12)可以看出,$(\Delta u_1 - \Delta u_2)$即为每一迭代步内索的伸长量,令

$$\Delta l_k^t = | \Delta u_1 - \Delta u_2 |$$

代入式(5.12),则

$$\varphi = \frac{EA\Delta l_k^t}{l^2} - \frac{EA\Delta l_k^{t\,2}}{l^3} \tag{5.24}$$

采用上述滑移索单元,利用荷载增量法与 Newton – Raphson 法相结合的方法进行迭代求解:

(1) 首先将作用在结构上的荷载分成 m 个荷载增量。

(2) 对荷载增量进行循环,即从第一级荷载增量开始迭代。

(3) 由初始成形算得各索段拉力值 T^0 及索段长度 l^0,假定各索单元在节点处不滑移,在第一级增量荷载作用下,用初始成形后的状态作为初始状态,索段长度作为各单元原长,代入 $(\boldsymbol{K}_{\mathrm{L}} + \boldsymbol{K}_{\mathrm{NL}})\Delta\boldsymbol{U} = \boldsymbol{R} - \boldsymbol{F}_{\mathrm{m}} - \boldsymbol{F}_{\mathrm{c}}$ 中进行求解(各符号表达式见第2章),算出各单元的节点位移增量 $\Delta\delta_{\mathrm{e}}$,各单元的张力 T^1 及索单元长度 l^1,并对各节点坐标进行修正。

(4) 检查滑移节点两侧索单元拉力是否满足 $|T_{\mathrm{i}} - T_{\mathrm{j}}| < \varepsilon$,如不满足此式,进行第(5) 步。

(5) 索单元滑移,其步骤如下:

① 用文献[86] 方法算出线性滑移量

$$\Delta l_k = \frac{|T_{\mathrm{i}} - T_{\mathrm{j}}|}{EA\left(\frac{1}{l_{\mathrm{i}}} + \frac{1}{l_{\mathrm{j}}}\right)} \tag{5.25}$$

② 将式(5.25) 代入式(5.12),算得滑移刚度 φ。

③ 采用固定间隔节点分配索力算法,由式(5.18) 和式(5.19) 或式(5.22) 和式(5.23) 更新索张力。

④ 计算各节点处的不平衡力

$$\boldsymbol{S} = \boldsymbol{R} - \boldsymbol{F}_{\mathrm{m}} - \boldsymbol{F}_{\mathrm{c}}$$

式中　$\boldsymbol{S}$—— 外荷载向量;

$\boldsymbol{F}_{\mathrm{m}}$—— 膜等效节点荷载向量;

$\boldsymbol{F}_{\mathrm{c}}$—— 索等效节点荷载向量。

⑤ 计算在 $\boldsymbol{S}$ 作用下的各节点位移分量,更新各节点坐标。

⑥ 返回第④步,进行迭代,直至 $|\boldsymbol{S}| < \varepsilon$,并记录各单元的张力 T^2 及索单元长度 l^2。

(6) 把第一级增量荷载作用下的状态作为初始状态,进行第二级增量荷载迭代,重复(3) ~ (5) 步。

(7) 重复(2) ~ (6) 步,直至第 m 级荷载增量收敛。

5.2.8　算例分析

【**算例5.1**】　一支座不等高的两跨连续索,结构计算简图如图5.13所示,节点9为定滑轮支座。已知第一跨索的节点均受向下的集中荷载800 N,第二跨索的节点均受向下的集中荷载1 800 N,初始预张力均为10 000 N;弹性模量 $E = 1.7 \times 10^5$ N/mm^2,截面面积 $A = 67.4$ mm^2。

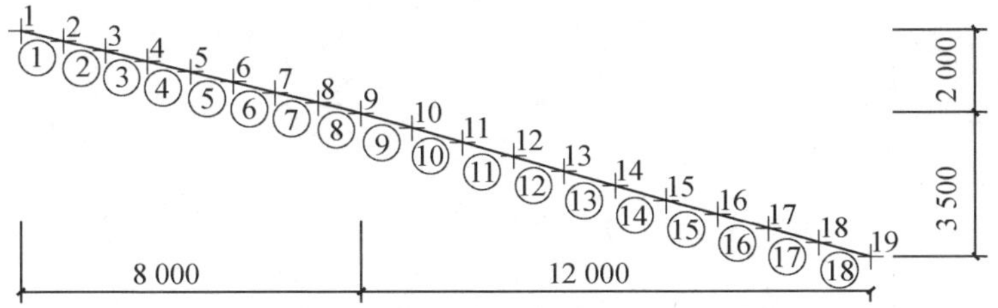

图5.13　结构计算简图

采用本节滑移索单元,分析该结构在9节点处存在滑移时索的张力、节点位移的变化。不考虑索滑移与考虑滑移两种情况索的内力及位移变化如图5.14和图5.15所示。由图5.14和图5.15可以看出,当相邻索段有较大荷载差异时必须考虑索段滑移的问题。

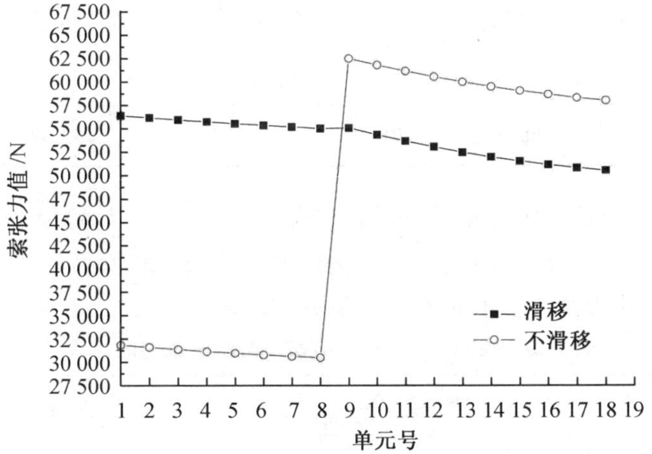

图5.14　两种情况索的张力比较

本算例采用文献[84]中的几何模型,除文献采用每跨5节点曲线索单元,沿索长分布初始态均布荷载外,其他条件同本算例。表5.1给出本节与文献[84]计算结果的对比。

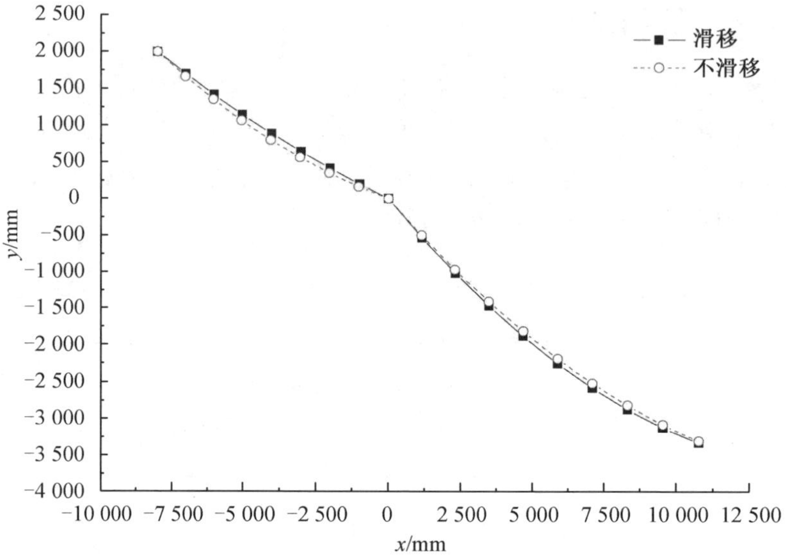

图 5.15　两种情况索的变形比较

表 5.1　本节与文献[84]两跨索张力的比较

项目	第一跨/N			第二跨/N		
	文献[84]	本节	差异/%	文献[84]	本节	差异/%
不滑移	29 621.8	31 102	5	57 275.9	59 930	4.6
滑移	57 286.8	55 630	-2.9	52 974.6	52 427	-1

文献[84]所述拉力分配法的计算结果与文献[82]计算结果的比较见表 5.2。由表 5.1 与表 5.2 对比可知，采用拉力分配法误差较本文方法大，进一步证明了本文所用方法能更好地解决索滑移的问题。

表 5.2　文献[84]与文献[82]两跨索张力的比较

项目	第一跨/N			第二跨/N		
	文献[84]	文献[82]	差异/%	文献[84]	文献[82]	差异/%
滑移	57 286.8	54 340	-5.1	52 974.6	51 096	-3.5

5.3　张拉式膜结构中索有摩擦滑移问题的分析

5.3.1　概述

文献[90]通过在索与薄膜之间插入弹簧来考虑摩擦力的影响,但弹簧刚度与摩擦力的关系很难确定;文献[91]采用 ABAQUS 软件,将索与薄膜之间的滑动作为接触问题来分析,引入摩擦系数考虑摩擦力的影响,得到了一些结论;另外还有一些其他的方法。

本节在索无摩擦滑动分析的基础上,不采用接触问题的分析方法,而只采用摩擦力与载荷成正比的第一摩擦定律(即 $F=\mu N$,其中 μ 为摩擦系数,可在实验室中通过试验得到),对索膜间存在摩擦的问题进行分析,给出了求解方法。

本节所述的膜与索的摩擦是连续的,即不考虑类似束带的连接方式(图 5.6)。由于前述索膜结构采用了空间两节点直线索单元、空间三角形膜单元,因此本节也采用这两种单元对索膜间摩擦的问题进行分析。

5.3.2　基本假设

(1) 索是理想柔性的,且满足胡克定律。

(2) 节点为理想无摩擦的铰接节点。

(3) 不考虑索体截面变形的影响。

(4) 最大静摩擦力等于动摩擦力。

5.3.3　索对膜拉力的推导

任取其中的一个三角形单元 m 分析其垂直于单元边界的支撑力 N。在这里假设其三边都有索单元,则三边都存在这样的支撑力,如图 5.12(图中已将 Q_{m} 转化为集中力);注意:在组装摩擦力矩阵时应根据索与膜的实际位置关系判断膜单元边界是否存在摩擦力,不存在摩擦力的,矩阵元素置零;而索单元边界肯定存在摩擦力。根据第 2 章所述,局部坐标系可以任意假定,所以定义如图 5.12 所示单元坐标系。定义 x 方向线应变为 ε_x,y 方向的线应变为 ε_y,剪应变为 γ_{xy};三角形单元垂直于任意边的应变为 $\varepsilon_{\mathrm{i}}(i=1,2,3)$,假设所研究的变形在弹性范围内是微小的,则由材料力学知,三角形单元任意边的应变 ε_{i} 可由 ε_x、ε_y、γ_{xy} 表示为

$$\varepsilon_{\mathrm{i}}=\sin^2\theta\varepsilon_x+\cos^2\theta\varepsilon_y+\sin\theta\cos\theta\gamma_{xy} \tag{5.26}$$

式中　θ—— 所求边与局部坐标轴 x 的夹角。

对图 5.12 所定义的三角形单元，垂直于各边的应变可表示为

$$\begin{bmatrix}\varepsilon_1\\ \varepsilon_2\\ \varepsilon_3\end{bmatrix}=\begin{bmatrix}\sin^2\beta & \cos^2\beta & \sin\beta\cos\beta\\ \sin^2\alpha & \cos^2\alpha & -\sin\alpha\cos\alpha\\ 0 & 1 & 0\end{bmatrix}\begin{bmatrix}\varepsilon_x\\ \varepsilon_y\\ \gamma_{xy}\end{bmatrix}\tag{5.27}$$

由式(5.27)可得

$$\begin{bmatrix}\varepsilon_x\\ \varepsilon_y\\ \gamma_{xy}\end{bmatrix}=[B]\begin{bmatrix}\varepsilon_1\\ \varepsilon_2\\ \varepsilon_3\end{bmatrix}\tag{5.28}$$

式中

$$[B]=\begin{bmatrix}\dfrac{2\cos\alpha}{\cos\alpha-\cos(2\beta+\alpha)} & \dfrac{2\cos\beta}{\cos\beta-\cos(2\alpha+\beta)} & \dfrac{-\cos(-\beta+\alpha)-\cos(\beta+\alpha)}{\cos(-\beta+\alpha)-\cos(\beta+\alpha)}\\ 0 & 0 & 1\\ \dfrac{2\sin\alpha}{\cos\alpha-\cos(2\beta+\alpha)} & \dfrac{-2\sin\beta}{\cos\beta-\cos(2\alpha+\beta)} & \dfrac{-2\sin(-\beta+\alpha)}{\cos(-\beta+\alpha)-\cos(\beta+\alpha)}\end{bmatrix}\tag{5.29}$$

式(5.29)可表示为

$$[\varepsilon]=[B][\varepsilon]_{\perp}\tag{5.30}$$

式中　$[B]$—— 转换矩阵，表示单元应变与垂直于单元三边应变之间的关系。

由胡克定律，应力可表示为

$$[\sigma]=\begin{bmatrix}\sigma_x\\ \sigma_y\\ \tau_{xy}\end{bmatrix}=\bar{\boldsymbol{D}}\begin{bmatrix}\varepsilon_x\\ \varepsilon_y\\ \gamma_{xy}\end{bmatrix}=\bar{\boldsymbol{D}}[B][\varepsilon]_{\perp}\tag{5.31}$$

式中　$\bar{\boldsymbol{D}}$—— 弹性矩阵。

单元应力与垂直于单元各边应力之间的转换关系同式(5.30)，则垂直于单元各边的应力可表示为

$$[\sigma]_{\perp}=[B]^{-1}\begin{bmatrix}\sigma_x\\ \sigma_y\\ \tau_{xy}\end{bmatrix}=[B]^{-1}\bar{\boldsymbol{D}}[B][\varepsilon]_{\perp}\tag{5.32}$$

因此，垂直单元各边的拉力可表示为

$$[N]_{\perp}=A[B]^{-1}\bar{\boldsymbol{D}}[B][\varepsilon]_{\perp}\tag{5.33}$$

式中　A—— 膜单元与索单元相互接触的膜单元截面面积。

5.3.4　索对膜拉力方向的确定

在局部坐标系下,因为式(5.33)中拉力是垂直于各边的集中力,所以垂直于各边的方向向量可定义为连接各三角形顶点与对应边的垂足的向量,即设各边的垂足为 $P_i(i=1,2,3)$(图 2.5),则方向向量为 $\boldsymbol{n}_i=\{x_{P_i}-x_i,y_{P_i}-y_i,z_{P_i}-z_i\}(i=1,2,3)$。因此,只要找到垂足点 $P_i(i=1,2,3)$ 就能将索对膜拉力的方向向量求出。由第 2 章求垂足的方法可求垂足 $P_i(i=1,2,3)$,在求 P_2 时,只要将式(2.26)和式(2.27)中的各字母的下脚标按 $1\to2\to3\to1$ 依次轮换即可;同理,P_3 为按 P_2 中各字母的下脚标按 $1\to2\to3\to1$ 依次轮换。

5.3.5　索膜间摩擦力的确定

通常,按索与膜位置的关系可分为边索(图 5.2)和内索(图 5.7(a))。这样,可根据式(5.33)确定的每个与索单元连接的膜单元给索单元的拉力值和索与膜的位置关系,来组装膜对索支撑力的矩阵,进而可求得摩擦力矩阵。由于索单元的自重与膜单元给索单元的支撑力相比小很多,所以可以忽略。下面分类进行讨论。

(1)边索。

由图 5.2 可见,与索单元连接的一次膜材只有一边,则膜单元给与膜单元一边连接的索单元的支撑力就是由式(5.33)确定的 N,记膜对索的支撑力为 N_f,则 $N_f=N$。

(2)内索。

由图 5.6(a)可见,索的两边都有一次膜材,那么膜单元对索单元的支撑力应等于多个一次膜材产生的压力值的合力 $N_{合}$,则 $N_f=N_{合}$。

如果要考虑索自重的影响,那么只要求出索自重和膜材产生的压力的合力即可;但应注意,只有索在膜的上表面时,才应该考虑自重的影响,例如图 5.7(a)所示节点可不考虑索单元自重的影响。

这样,一个索元对应一个摩擦力,即

$$f=\mu N_f \tag{5.34}$$

式中　μ——索与膜或索与钢管的摩擦系数,可根据试验测定或查表;

N_f——膜对索的支撑力。

将每个单元的摩擦力组装成摩擦力矩阵,即

$$[f]=\mu[N_f] \tag{5.35}$$

5.3.6　索单元有摩擦滑移的基本原理

根据相邻两个索元的张力与摩擦力的关系,并依据 5.3.2 节基本假设(4)可判断索是否产生滑移,即当相邻两个索元的张力之和大于两个索元产生的摩擦力之和时，索就产生滑动。其模型如图 5.11 所示，图中任意两个与索相连的膜单元为 m、k，索张力为 T_i、T_j，索单元与膜单元之间的摩擦力为 f_i、f_j，则判断索滑移的方法如下：

(1) $T_i \leqslant f_i$ 且 $T_j \leqslant f_j$，索不滑移。

(2) $T_i > f_i$ 且 $T_j > f_j$，索滑移。

令

$$\Delta T = |(T_i - f_i) - (T_j - f_j)|$$

① 若 $(T_i - f_i) \geqslant (T_j - f_j)$，则

$$T_i - \Delta T = T_j + \Delta T$$

② 若 $(T_i - f_i) < (T_j - f_j)$，则

$$T_i + \Delta T = T_j - \Delta T$$

(3) $T_i \leqslant f_i$ 且 $T_j \geqslant f_j$。

① 若 $(f_i - T_i) < (T_j - f_j)$，索滑移，令

$$\Delta T = (T_j - f_j) - (f_i - T_i)$$

则

$$T_i + \Delta T = T_j - \Delta T$$

② 若 $(f_i - T_i) \geqslant (T_j - f_j)$，索不滑移。

(4) $T_i > f_i$ 且 $T_j < f_j$。

① 若 $(T_i - f_i) > (f_j - T_j)$，索滑移，令

$$\Delta T = (T_i - f_i) - (f_j - T_j)$$

则

$$T_i - \Delta T = T_j + \Delta T$$

② 若 $(T_i - f_i) \leqslant (f_j - T_j)$，索不滑移。

5.3.7 迭代求解方法

采用第 5.2 节所述的滑移索单元，利用荷载增量法与 Newton - Raphson 法相结合的方法进行迭代求解：

(1) 首先将作用在结构上的荷载分成 m 个荷载增量。

(2) 对荷载增量进行循环，即从第一级荷载增量开始迭代。

(3) 由膜的初应力根据公式 $[\varepsilon] = [D]^{-1}[\sigma]$ 求得膜的初应变。

(4) 由初始成形算得各索段拉力值 T^0 及索段长度 l^0，假定各索单元在节点处不滑移，在第一级增量荷载作用下，用初始成形后的状态作为初始状态，索段长度作为各单元原长，代入 $(\boldsymbol{K}_L + \boldsymbol{K}_{NL})\Delta\boldsymbol{U} = \boldsymbol{R} - \boldsymbol{F}_m - \boldsymbol{F}_c$ 中进行求解（各符号表达式见第 2 章），算出各单元的节点位移增量 $\Delta\delta_e$、各单元的张力 T^l 及索单元长度 l^1，并对各节点坐标进行修正。

(5) 根据式(5.33) 求结构的摩擦力矩阵。

(6) 根据 5.3.6 节所述内容判断索是否滑移,如果不滑移,进行第(8) 步;如果滑移,检查滑移节点两侧索单元拉力是否满足 $|T_i - T_j| < \varepsilon$,如果满足则进行第(8) 步;如果不满足则进行第(7) 步。

(7) 索单元滑移,其步骤与 5.2.7 节所述索单元滑移步骤相同。

(8) 把第一级增量荷载作用下的状态作为初始状态,进行第二级增量荷载迭代,重复(4) ~ (7) 步。

(9) 重复(2) ~ (9) 步,直至第 m 级荷载增量收敛。

5.3.8　算例分析

【算例 5.2】　马鞍形索膜结构。如图 5.16 ~ 5.19 所示,两长边为圆弧形固定边界,两短边为直线固定边界,薄膜初始预应力 $\sigma_x = \sigma_y = 3\ \text{N/mm}^2$,张拉刚度 $E_1t = E_2t = 255\ \text{N/mm}$,$G_{12}t = 80\ \text{N/mm}$,泊松比 $\nu_1 = \nu_2 = 0.6$,膜密度为 $1.05 \times 10^{-6}\ \text{kg/mm}^2$;脊索的初始预张力为 52 438 N,$E_{RC}A_{RC} = 1.49 \times 10^7$ N;谷索的初始预张力为 26 219 N,$E_{VC}A_{VC} = 0.73 \times 10^7$ N;索体积力为 $7.693 \times 10^{-5}\ \text{kg/mm}^3$;索膜组合结构施加均布向上的荷载 1 000 N/mm^2;索膜间的摩擦系数 $\mu = 0.6$。

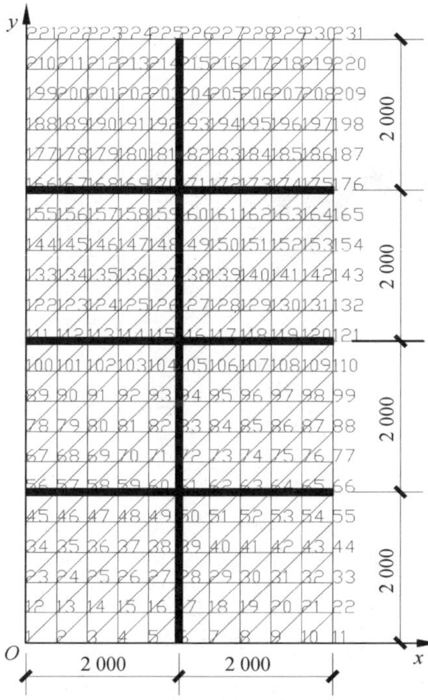

图 5.16　结构节点编号图

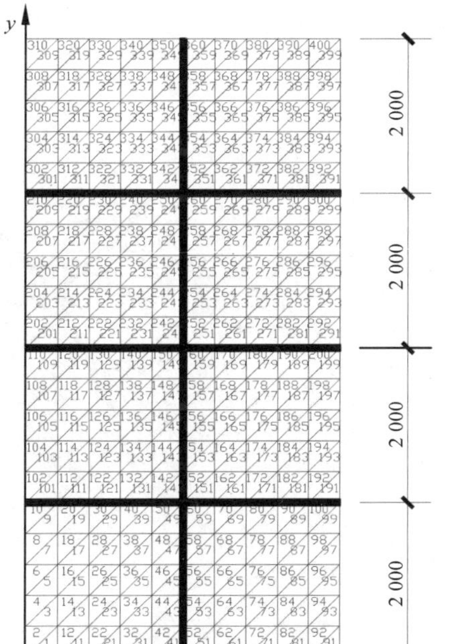

图 5.17　膜结构单元编号图

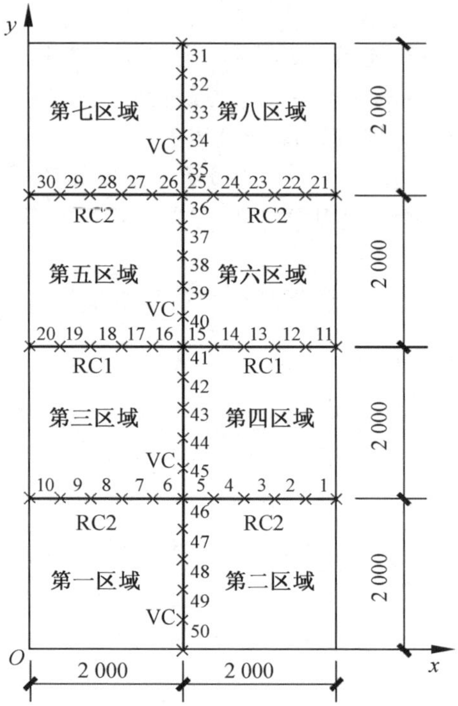

图 5.18　索单元编号

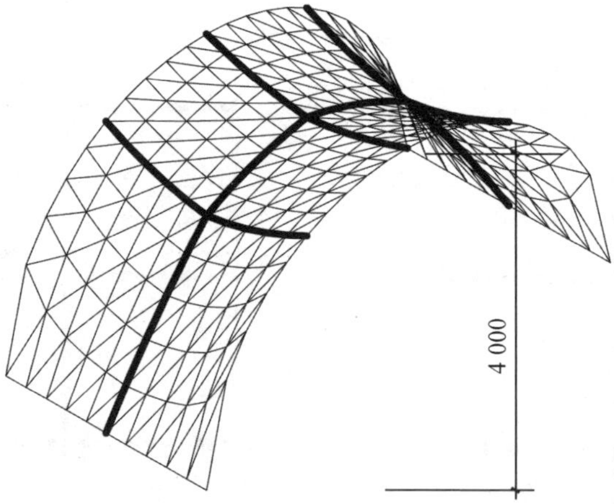

图 5.19　结构成形图

采用不滑移($\mu=\infty$)、有摩擦滑移($\mu=0.6$)和无摩擦滑移($\mu=0$)三种工况对索内力的影响如图 5.20 和图 5.21 所示，对膜内力的影响如图 5.22 和图 5.23 所示。

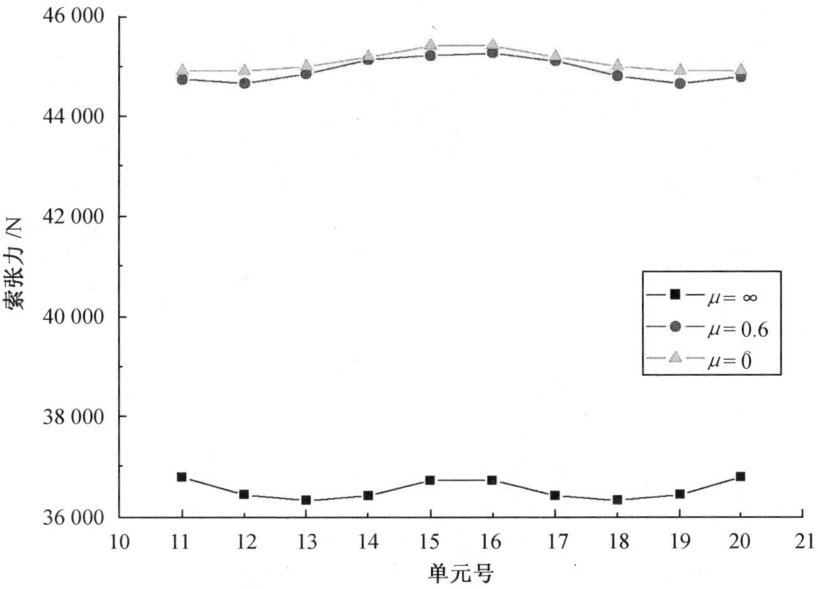

图 5.20　采用不同摩擦系数的 RC1 的比较

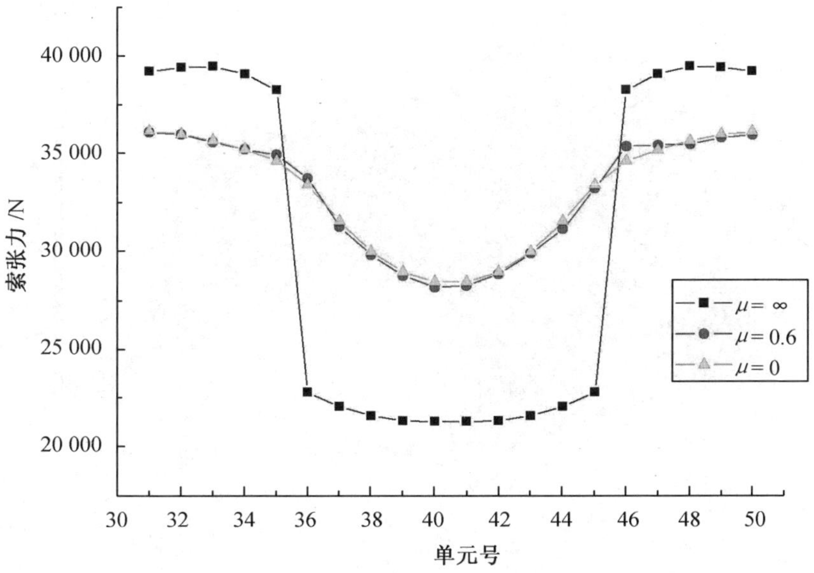

图 5.21　采用不同摩擦系数的 VC1 的比较

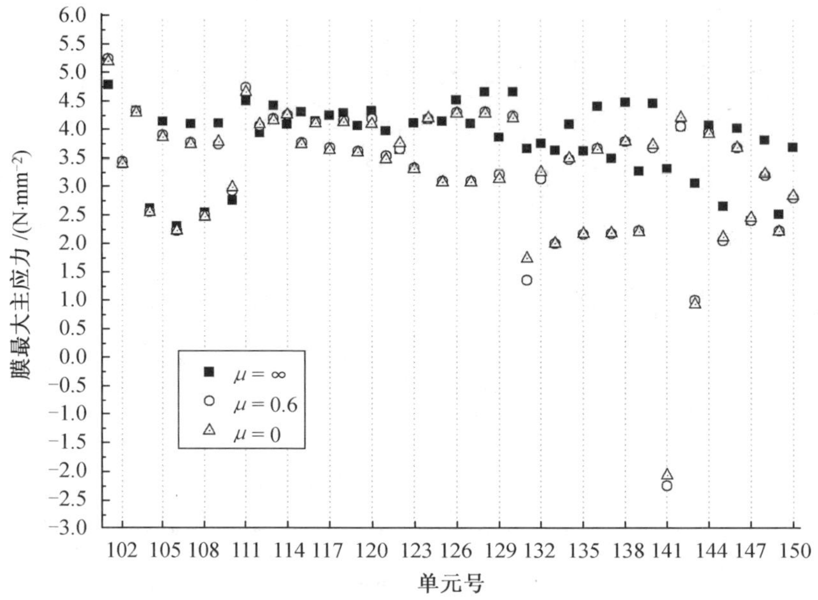

图 5.22　采用不同摩擦系数时第三区域膜最大主应力的比较

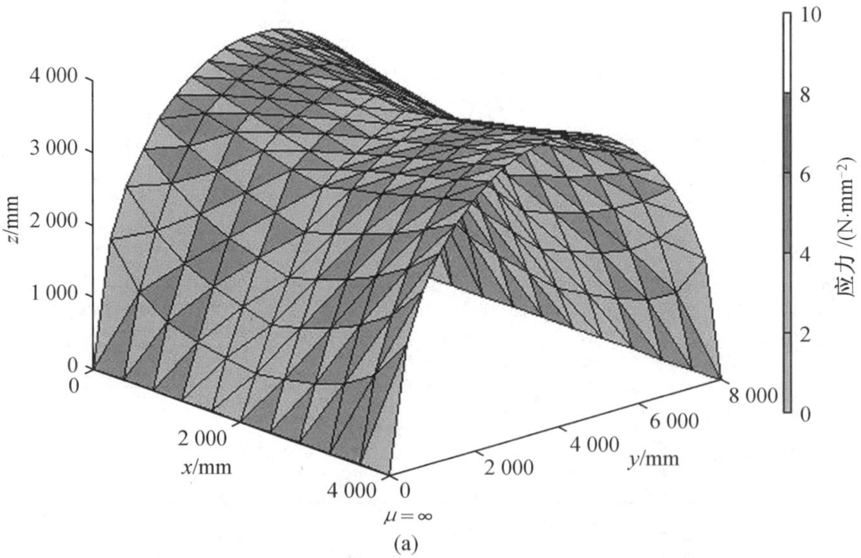

图 5.23　不同摩擦系数膜最大主应力的比较

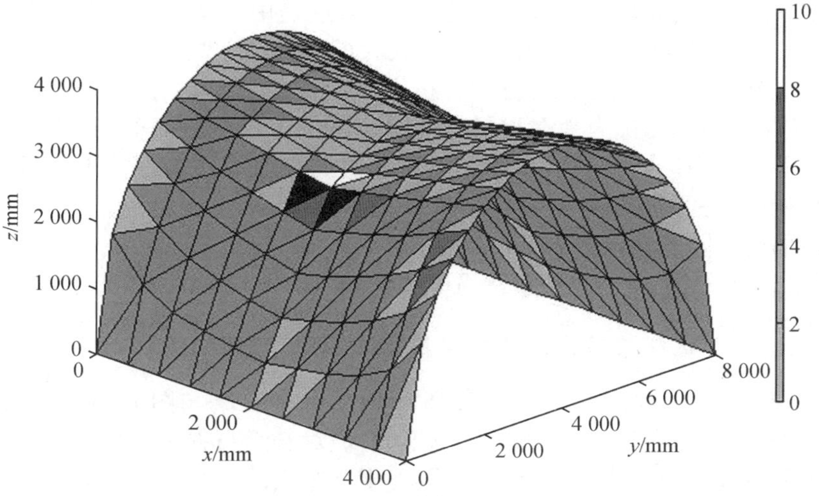

$\mu=0.6$
(b)

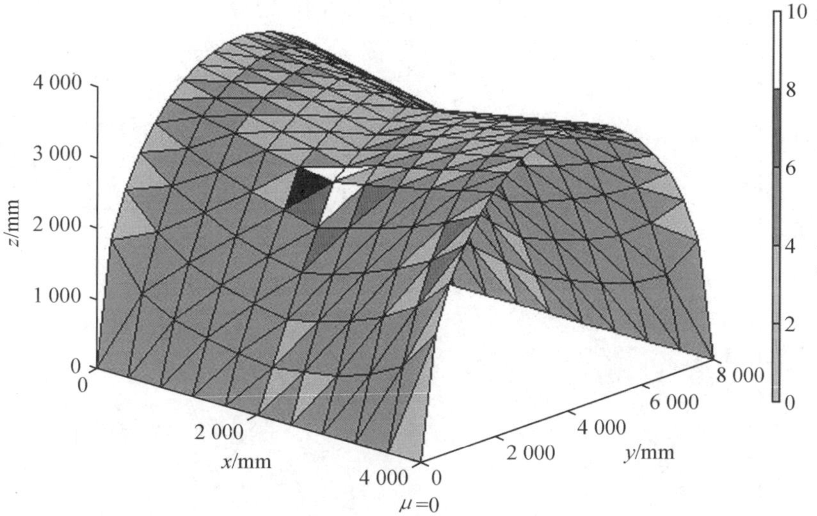

$\mu=0$
(c)

续图 5. 23

由图 5. 20 可知，在相同荷载作用下，脊索 RC1（考虑在索交点 116 处的滑动）在考虑滑移后张力分布较均匀，但索力整体上升，这是由于索膜的整体协调受力所导致的。由图 5. 21 可知，在相同荷载作用下，谷索在考虑滑移后索段张力分布更加均匀；由图 5. 20 和图 5. 21 可见，摩擦力使索力不均匀且使索力有所减小，但对索力的影响较小，其对脊索的影响较谷索大；由图 5. 22 和图 5. 23 可见，由于摩擦力的存在改变了索力的大小，因此膜内力在新的索力下重新平衡，整体最大主应力有所减小，但对膜最大主应力的影响较小。

总之,摩擦力对索内力和膜内力影响较小,这是由于本算例中摩擦力只有索力的1%,不足以对索力和膜内力造成太大的影响,但摩擦力是否存在影响着膜褶皱出现的数量和索的下料长度;在实际工程中,因为摩擦力是一定存在的,所以应尽量减小摩擦力。在材料特性确定的情况下,膜和索的预应力的大小就决定了摩擦力影响的大小。下面以索和膜的预应力作为参数进行摩擦力影响的分析(摩擦系数均为0.6)。

(1)采用不同的索预张力。

$T_1^{RC1}=52\,438$ N,$T_2^{RC1}=43\,698.3$ N,$T_3^{RC1}=32\,773.75$ N,$T_4^{RC1}=26\,219$ N,$T_i^{VC1}=\dfrac{T_i^{RC1}}{2}(i=1,2,3,4)$;不同索预张力对应的摩擦力${}^cf_i^{RC1}(i=1,2,3,4)$和${}^cf_i^{VC1}(i=1,2,3,4)$如图5.24与图5.25所示。由图5.24与图5.25可见,脊索预张力的减小对脊索两边的摩擦力影响不大,但对脊索与谷索交界处的摩擦力影响较大并且在此处的摩擦力是增加的;谷索预张力的减小对谷索的摩擦力影响在脊索与谷索交界处影响较大(35和36单元),对其他单元的摩擦力影响不大,随着谷索预张力的减小,谷索的摩擦力呈减小的趋势。

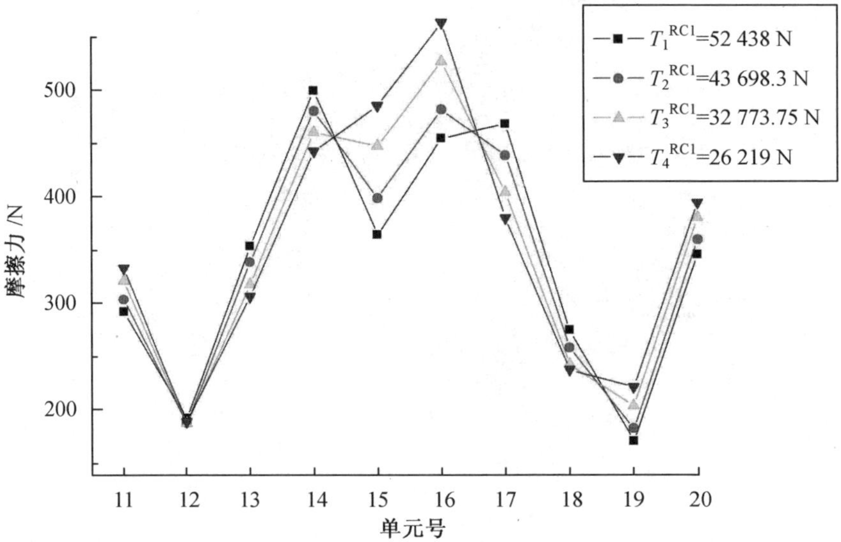

图5.24　脊索摩擦力${}^cf_i^{RC1}$的比较

(2)采用不同的膜预应力。

$\sigma_1^x=\sigma_1^y=3$ N/mm^2,$\sigma_2^x=\sigma_2^y=4$ N/mm^2,$\sigma_3^x=\sigma_3^y=5$ N/mm^2,$\sigma_4^x=\sigma_4^y=6$ N/mm^2,不同膜预应力对应摩擦力的${}^mf_i^{RC1}(i=1,2,3,4)$和${}^mf_i^{VC1}(i=1,2,3,4)$如图5.26与图5.27所示。由图5.26与图5.27可见,膜预应力的增大使脊索的摩擦力有增大的趋势,并且脊索的摩擦力的增大趋于线性;膜预应力的增大使谷索的摩擦力有增大的趋势。

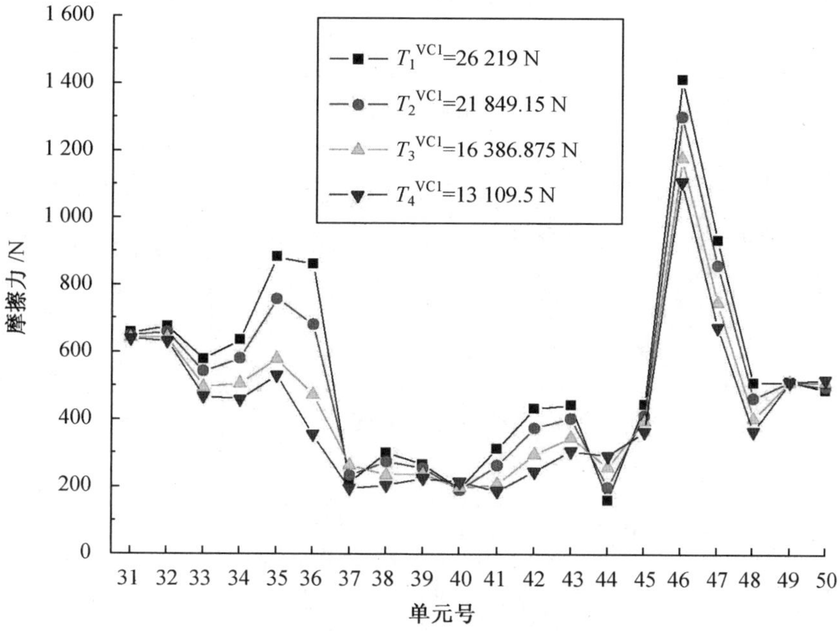

图 5.25　谷索摩擦力 ${}^{c}f_i^{VC1}$ 的比较

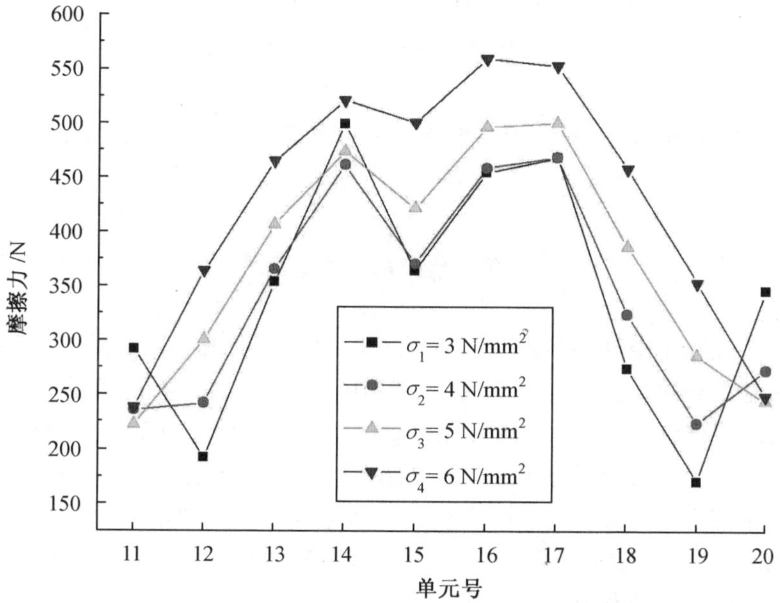

图 5.26　脊索摩擦力 ${}^{m}f_i^{RC1}$ 的比较

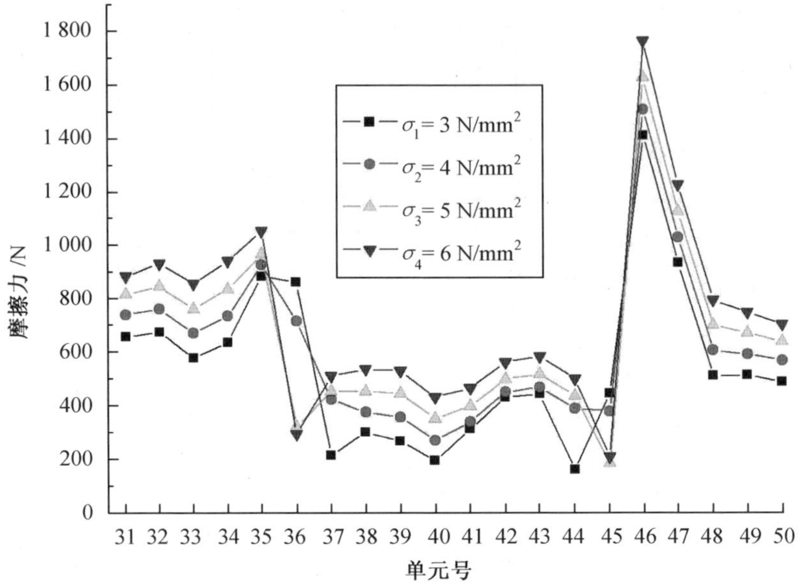

图 5.27　谷索摩擦力 $^{m}f_i^{VC1}$ 的比较

(3) 采用不同的索张力和不同的膜预应力。

$T_1^{RC1}=26\ 219$ N, $T_2^{RC1}=52\ 438$ N; $T_1^{VC1}=13\ 109.5$ N, $T_2^{VC1}=26\ 219$ N; $\sigma_1^x=\sigma_1^y=3$ N/mm², $\sigma_2^x=\sigma_2^y=6$ N/mm², 对应的摩擦力分别为 $f_i^{RC1}(i=1,2)$ 和 $f_i^{VC1}(i=1,2)$。脊索与谷索所对应的摩擦力如图 5.28 与图 5.29 所示。由图 5.28 与图 5.29 可见,膜预应力的增加对摩擦力的影响较索预张力的增加对摩擦力的影响大。

本章小结

本章首先利用空间两节点直线索单元推导了连续索滑移刚度,给出了采用修正的线性滑移刚度法迭代求解索在膜套中(或膜表面上)滑移的算法;然后以摩擦第一定律为理论基础,利用第 2 章所述空间三角形膜单元根据材料力学点的应力应变关系推导了索元对膜元的拉力公式,并根据索膜的位置关系给出了索膜间摩擦力公式;之后提出了考虑摩擦时索滑移的判断方法;最后求解了一道算例,得到如下结论:

(1) 在相同荷载作用下,当考虑索滑移后,索受力均匀,脊索索力整体增大。

(2) 如果索力超出索与膜之间的摩擦力,必须考虑索的滑移。

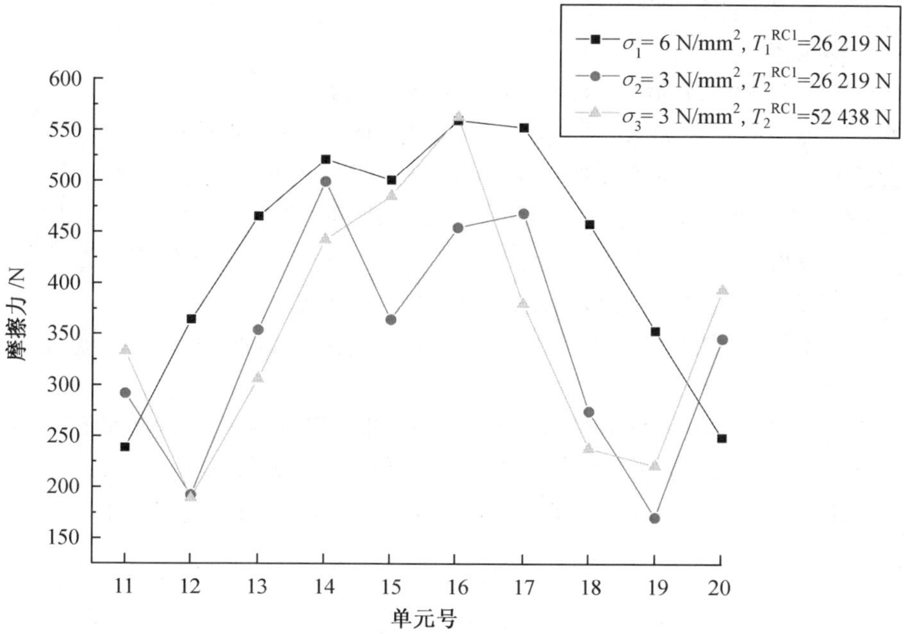

图 5.28　脊索摩擦力 f_i^{RC1} 的比较

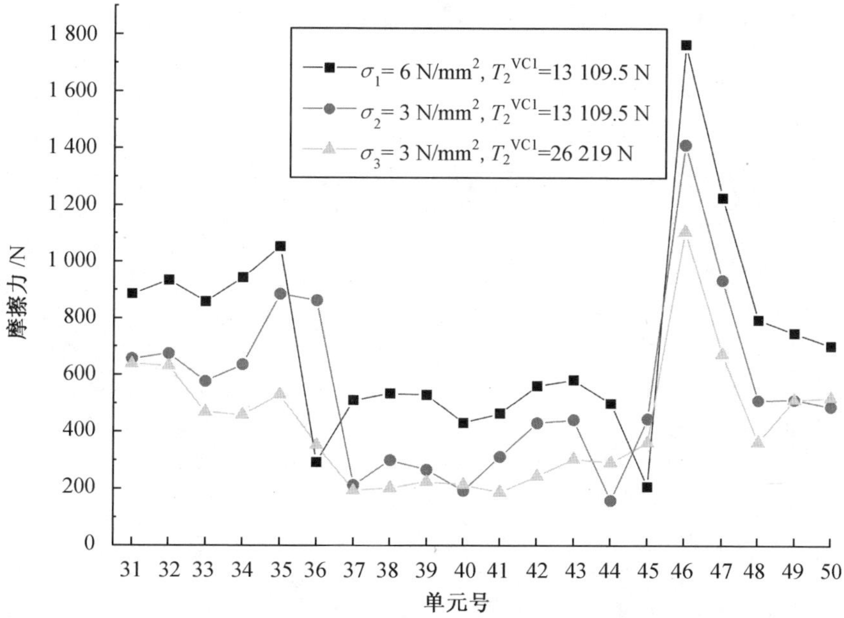

图 5.29　谷索摩擦力 f_i^{VC1} 的比较

(3) 摩擦力使索力不均匀且使索力有所减小,但对索力的影响较小,其对脊索的影响较谷索大。

(4) 脊索预张力的减小对脊索两边的摩擦力影响不大,但对脊索与谷索交界处的摩擦力影响较大,并且在此处的摩擦力是增加的;谷索预张力的减小对谷索的摩擦力影响在脊索与谷索交界处影响较大,对其他单元的摩擦力影响不大,随着谷索预张力的减小,谷索的摩擦力呈减小的趋势。

(5) 膜预应力的增大使脊索的摩擦力有增大的趋势,并且脊索的摩擦力的增大趋于线性;膜预应力的增大使谷索的摩擦力有增大的趋势。

(6) 膜预应力的增加对摩擦力的影响较索预应力的增加对摩擦力的影响大。

综上所述,索与膜之间的摩擦力的大小影响着膜褶皱出现的数量和索的下料长度,所以设计时应考虑摩擦力的影响。为了降低摩擦力的影响,膜设计时在满足基本要求的条件下应采用较小的膜预应力,或者采用类似束带的连接节点方式。

第 6 章　考虑缺陷的索膜结构施工过程分析

6.1　概　　述

在第 5 章中所采用的迭代法虽然可以分析索在膜表面上的滑移问题,但是只能对索在膜表面上的纵向滑移进行分析,而索在膜表面上的横向滑移及在膜边的滑移问题无法解决。滑移问题只是施工成形中存在的一个问题,还存在如何合理选取施工成形方案、成形误差控制等问题,却始终缺乏深入研究。本章旨在通过对索杆膜空间结构进行施工跟踪与控制的理论与试验研究,建立适用于索膜结构施工过程模拟的数值计算模型,明确设计与施工的关系,揭示索膜滑移及膜布缺陷等对大跨度索杆膜空间结构受力状态的影响,完善现有的膜结构施工检测与安全监控理论。

本章采用理论分析、模型试验、数值模拟相结合的研究方法,主要有以下特点:

(1) 考虑施工缺陷的非线性分析。

在考虑施工缺陷膜结构的非线性分析方面,采用了理论分析与模型试验等研究方法。为适应索膜结构数值模拟的需要,本章从弹簧质点模型和有限元理论出发,提出了两种新型的弹簧质点模型(MSMON 和 MSMTN) 及相应的变形算法,推导出了各弹簧参数的解析表达式;采用新型弹簧质点模型对膜结构的受力变形问题进行分析,证明了用于模拟空间膜结构的弹簧质点模型在保留原有计算效率高等优点的同时,其计算精度能与有限元方法相当;并且将所提出的弹簧质点模型由各向同性膜材推广到正交各向异性膜材,使得模型能适用于任意膜材及单元划分;利用所提出的弹簧质点模型开展了空间膜结构的张拉成形分析,得到了膜面应力分布规律;以无损膜结构的数值计算结果为基础,开展了含施工缺陷膜结构的张拉试验研究;通过人为构造膜套裂口和膜面圆孔两种不同缺陷,测量分析了有损膜结构的张拉变形,得到了张拉过程中膜面应力应变的变化规律。

(2) 施工跟踪与控制的研究。

为模拟空间索膜结构的施工过程,本章基于新型弹簧质点模型,提出了增量计算方法,使得弹簧质点模型能够准确处理大应变、预应力等问题;同时,本章还针对膜结构的弹簧质点模型特点,提出了高效的索膜滑移算法。以此为基础,通过数值模拟分析了在索膜结构找形问题中考虑索膜滑移的必要性,研究了按施工过程计算时膜面受力状态随施工步骤变化的情况,并通过模型试验进行对比分析;此外,还基于数值计算模拟了膜结构在受力过程中褶皱现象的出现、扩展、稳定等全过程,分析了厚度等参数对褶皱现象的影响。

本章内容中最主要的困难在于膜面裂口扩展的数值模拟,由于弹簧质点模型无须计算结构的应力应变,从而保持较高的计算效率;然而,裂口扩展的依据是强度条件,膜面应力的计算显著降低了弹簧质点模型的计算效率。这一问题是目前研究工作的难点。

6.2　用于空间膜结构力学分析的弹簧 - 质点模型研究

6.2.1　含一个附加节点的弹簧质点模型

在利用弹簧质点模型模拟不同材质的物体变形时,如何确定弹簧质点模型中各弹簧刚度系数是目前相关研究的难点。多数情况下,研究者都是通过对比试验结果或数值结果来估计弹簧刚度系数,但这类方法适用性受限,且前期分析工作量大。因此,对于不同的材料和结构形式,如能获得离散模型中各弹簧系数的解析解则是最理想的,但相关的研究成果较少。即使对于最简单的三角形单元,研究者在对比有限元模型和弹簧质点模型的刚度矩阵后,也曾认为"不可能用弹簧质点模型来精确模拟膜结构"。

为解决一般三角形网格和材料参数情况下弹簧刚度系数选取上的困难,有效提高弹簧质点模型计算精度,本章提出了一种新型的三角形弹簧质点模型(MSMON),如图 6.1 所示。

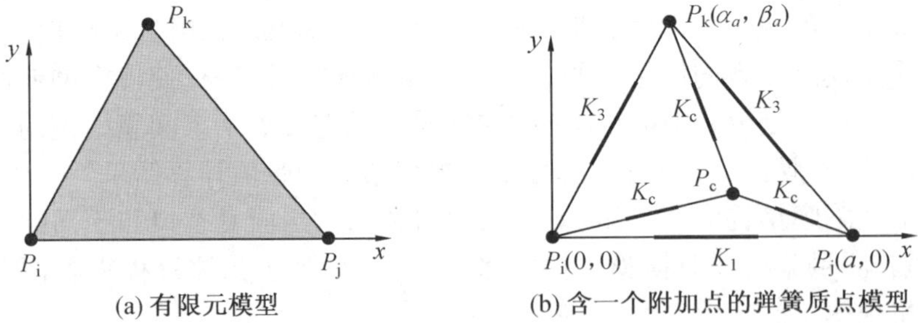

图 6.1　三角形单元

本章针对一般性的三角形单元及各向同性材料,在传统三角形弹簧质点模型中引入附加节点和附加弹簧,从实现有限元模型和弹簧质点模型刚度矩阵精确相等的条件出发,首次给出三角形弹簧质点模型中弹簧参数的解析公式:

$$k_1 = \frac{Et}{2(1+\nu)} \frac{-2\alpha^3 + \alpha^4 - 2\alpha\beta^2 + \beta^4 + \alpha^2(1+2\beta^2) - \beta^2\nu}{\beta(2\alpha(-1+\alpha) - \beta^2(-1+\nu))} \tag{6.1}$$

$$k_2 = \frac{Et}{2(1+\nu)} \frac{1 - 2\alpha + \alpha^2 + \beta^2}{\beta} \frac{\alpha^2 - \beta^2\nu}{2\alpha(1-\alpha)^2 + \beta^2(2\alpha - 1 - \nu)} \tag{6.2}$$

$$k_3 = -\frac{Et}{2(1+\nu)} \frac{\alpha^2 + \beta^2}{\beta} \frac{(1-\alpha)^2 - \beta^2\nu}{2\alpha^2(-1+\alpha) + \beta^2(2\alpha - 1 + \nu)} \tag{6.3}$$

$$k_c = \frac{Et}{4(1-\nu^2)} \frac{\varphi(\alpha,\beta,\nu)}{\beta \cdot \varphi(\alpha,\beta,\nu)} \tag{6.4}$$

以及相应的附加节点坐标公式：

$$\lambda_1 = \frac{-1 + \alpha + \nu + \alpha\nu}{-1 + 3\nu}, \quad \lambda_2 = \frac{2\alpha - 2\alpha^2 - \beta^2 + \beta^2\nu}{\beta(-1 + 3\nu)} \tag{6.5}$$

新型三角形弹簧质点模型中弹簧参数及附加节点坐标的解析公式可能会出现分母为0的情况。通过分析可能导致弹簧刚度系数公式中分母为0的三角形单元顶点位置轨迹图(图6.2),建议使用直角三角形单元($\alpha=0$),可以保证其结构弹簧和附加弹簧的刚度系数均不会出现等于0的情况。

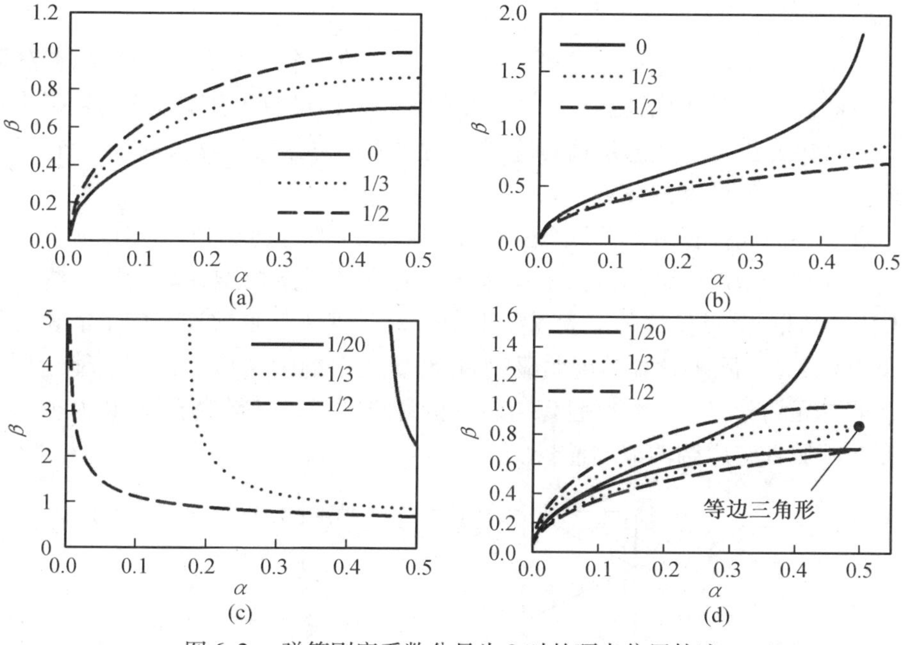

图6.2　弹簧刚度系数分母为0时的顶点位置轨迹

根据所提出的新型弹簧质点模型,进一步给出了相应的模型形变计算方法,其与传统弹簧质点模型最重要的区别在于附加节点位移的计算。弹簧质点模型的形变计算以牛顿第二定律为基础,采用时间步长积分方法计算,每一个时间步长内的变形计算均可分解为三个步骤进行：

（1）主节点变形的计算。

主节点变形计算与传统弹簧质点模型计算方法基本一致。本章采用了 Verlet 积分法，即将初始条件或前次迭代结果作为前两步位移分量和速度分量，计算新的主节点加速度、速度和位移。

$$(\ddot{\boldsymbol{X}}_{\mathrm{m}})_{i+1} = \boldsymbol{M}_{\mathrm{mm}}^{-1}(\boldsymbol{F}_{\mathrm{m}} - \boldsymbol{C}_{\mathrm{m}}\dot{\boldsymbol{X}}_{\mathrm{m}} - \boldsymbol{F}_{\mathrm{spring}}) \tag{6.6}$$

$$(\boldsymbol{X}_{\mathrm{m}})_{i+1} = 2(\boldsymbol{X}_{\mathrm{m}})_{i} - (\boldsymbol{X}_{\mathrm{m}})_{i-1} + (\ddot{\boldsymbol{X}}_{\mathrm{m}})_{i+1}\mathrm{d}t^2 \tag{6.7}$$

$$(\boldsymbol{V}_{\mathrm{m}})_{i+1} = ((\boldsymbol{X}_{\mathrm{m}})_{i+1} - (\boldsymbol{X}_{\mathrm{m}})_{i})/\mathrm{d}t \tag{6.8}$$

（2）附加节点受力计算。

$$\boldsymbol{F}_{\mathrm{sm}} = k_{\mathrm{c}}(\boldsymbol{p}_i - \boldsymbol{p}_j)\left(1 - \frac{l_0}{\|\boldsymbol{p}_i - \boldsymbol{p}_j\|}\right) \tag{6.9}$$

（3）附加节点位移计算。

在所提出的弹簧质点模型中，设定附加节点不受外力、不计质量，且始终在三角形单元面内，仅起到辅助修正主节点受力变形关系的作用，因此可采用静力平衡关系来求解

$$\boldsymbol{X}_{\mathrm{s}} = \boldsymbol{K}_{\mathrm{ss}}^{-1}\boldsymbol{F}_{\mathrm{sm}}$$

由于每个附加节点都只与对应三角形单元的 3 个主节点发生联系，而各附加节点间没有相互作用，因此各个附加节点的位移可以分别计算，无须联立求解。对各单元进行一次遍历即可完成各附加节点位移的计算，较好地保持了弹簧质点模型高效计算的优点。

基于各向同性长方形薄膜（图 6.3）的数值模拟，表明本节给出的弹簧参数计算公式和模型形变计算方法能有效地提高弹簧质点模型计算精度。根据表 6.1 比较结果，节点位移的最大误差小于 1.3%，在主变形拉伸方向上的位移误差小于 0.3%。除了计算精度明显提高外，所提出的弹簧质点模型还能适用于任意的单元划分、材料参数，且保持较好的计算效率，在膜结构计算以及变形体仿真等领域具有广阔的应用前景。

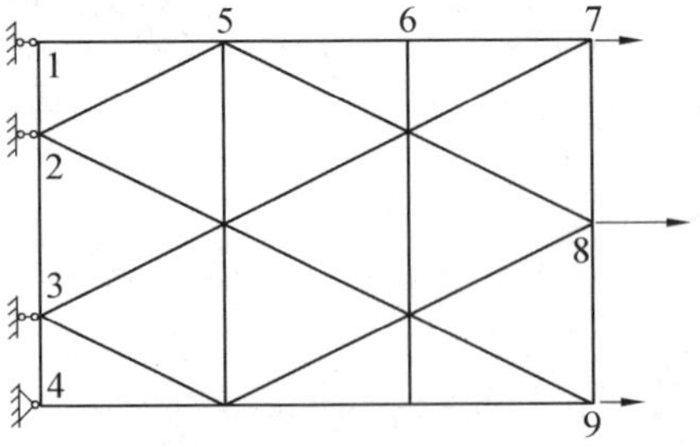

图 6.3　长方形薄膜

表 6.1　本节 MSM 方法结果与理论解的比较

项目	MSM	精确解	相对误差/%
U7	3.00×10^{-2}	3.00×10^{-2}	0.00
U8	2.99×10^{-2}	3.00×10^{-2}	0.28
U9	3.00×10^{-2}	3.00×10^{-2}	0.01
V1	-3.96×10^{-3}	-4.00×10^{-3}	1.12
V5	-3.96×10^{-3}	-4.00×10^{-3}	0.90
V6	-3.95×10^{-3}	-4.00×10^{-3}	1.22
V7	-3.98×10^{-3}	-4.00×10^{-3}	0.50

6.2.2　含 3 个附加节点的弹簧质点模型

弹簧质点模型是一种典型的离散结构模型，而膜结构则是一个空间连续体，两者之间存在着本质的差异。在前期的研究工作中，研究者均认为用离散结构来精确模拟空间膜结构是很难实现的。为提高模拟精度，有学者采用了在单元上施加弹簧预变形或附加力的方法。可见，一个离散模型在模拟连续结构时，可设法增加冗余自由度来提高模拟精度。基于这一思想，作者提出含 1 个附加节点的弹簧质点模型（MSMON，6.1 节），取得了较好的效果。虽然含 1 个附加节点的弹簧质点模型在理论上适用于一般的三角形单元和任意的材料常数，但在个别情况下仍存在解析公式分母可能为 0 的缺陷。为此，本节针对各向同性膜材料，提出了含 3 个附加节点的弹簧质点模型（MSMTN），以及相应的变形算法。

图 6.4 所示为含 3 个附加节点的三角形弹簧质点单元示意图，引入的 3 个附加节点分别位于 3 个三角形顶点与重心形成的 3 个小三角形的重心上。模型中与同一附加节点相连接的附加弹簧具有相同的弹簧刚度，显然，在含 3 个附加节点的三角形弹簧质点单元模型中增加了 3 个附加弹簧刚度作为冗余变量，从而可以实现弹簧质点模型与有限元模型中三角形单元刚度矩阵的精确相等。

通过求解范函的极值问题：

$$J=\|\boldsymbol{K}^{e}_{\text{msmtn}}(\alpha,\beta,k_1,k_2,k_3,k_c,\eta,\theta)-\boldsymbol{K}^{e}_{\text{fem}}(\alpha,\beta,E,\nu,t)\|_2^2 \tag{6.10}$$

得到了含 3 个附加节点的三角形弹簧质点模型中各弹簧刚度系数的解析表达式：

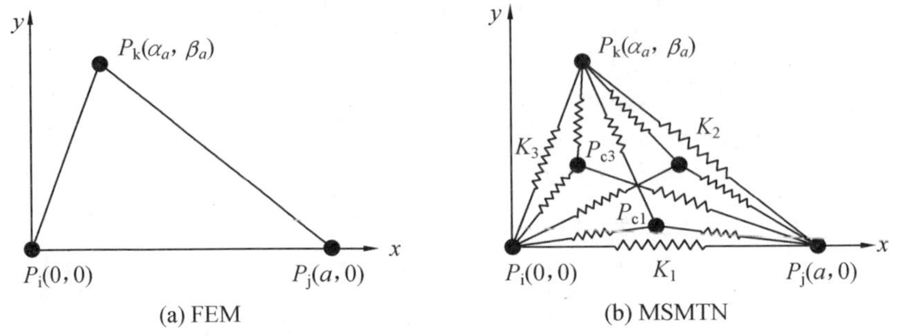

图 6.4　三角形弹簧质点单元示意图

$$
\begin{cases}
k_1 = 9(-12\alpha^3 + 6\alpha^4 + 12\alpha^2(-2+\beta^2) - 6\alpha(-5+2\beta^2) + \beta^2(-5+6\beta^2-9\nu))k_0 \\
k_2 = -9(1-2\alpha+\alpha^2+\beta^2)(-66\alpha^2+30\alpha^3+30\alpha(1+\beta^2)+\beta^2(-25+9\nu))k_0 \\
k_3 = 9(\alpha^2+\beta^2)(6-24\alpha^2+30\alpha^3+6\alpha(-2+5\beta^2)-\beta^2(5+9\nu))k_0 \\
k_{c1} = 2(7-\alpha+\alpha^2+\beta^2)(-18\alpha+18\alpha^2+\beta^2(5+3\nu))k_0 \\
k_{c2} = 2(7-13\alpha+7\alpha^2+7\beta^2)(-36\alpha^2+18\alpha^3+18\alpha(1+\beta^2)+\beta^2(-13+3\nu))k_0 \\
k_{c3} = -2(1-\alpha+7\alpha^2+7\beta^2)(-18\alpha^2+18\alpha^3+18\alpha\beta^2-\beta^2(5+3\nu))k_0
\end{cases}
\tag{6.11}
$$

其中

$$k_0 = \frac{Et}{36\beta^3(1-\nu^2)}$$

弹簧刚度表达式中的形状参数β与单元面积相关,始终大于0;而对于正交各向同性材料泊松比$\nu \in [0,0.5]$,可以满足$1-\nu^2 \neq 0$;因此,在所有的弹簧刚度解析表达式中均不可能出现分母为0的情况,从而保证以上表达式适用于任意的三角形单元形状和材料参数,没有任何额外的限制。

在变形计算过程中,弹簧质点模型中主节点的位移计算与传统弹簧质点模型相同,而附加节点的位移则需要分解成刚体位移和弹性位移两部分来计算。单元附加节点的弹性位移由公式

$$d_s^e = (\boldsymbol{K}_{ss}^e)^{-1}(-\boldsymbol{K}_{sm}^e d_m^e) = (\boldsymbol{K}_{ss}^e)^{-1}\boldsymbol{F}_{sm}^e \tag{6.12}$$

求得,而刚体位移则根据各主节点位移结果计算,即

$$\boldsymbol{\Delta}_c = \boldsymbol{\chi} \cdot \boldsymbol{\Delta}_m \tag{6.13}$$

其中,$\boldsymbol{\Delta}_c$、$\boldsymbol{\Delta}_m$ 分别为主、从节点位移分量,矩阵

$$\chi = \{\chi_i, \chi_j, \chi_k\}, \quad \chi_i = (n_{ijk} \times n_{jkc})\frac{s_{\Delta jkc}}{s_{\Delta ijk}}$$

$$\chi_j = (n_{ijk} \times n_{kic})\frac{s_{\Delta kic}}{s_{\Delta ijk}}, \quad \chi_k = (n_{ijk} \times n_{ijc})\frac{s_{\Delta ijc}}{s_{\Delta ijk}}$$

为分析所提出的弹簧质点模型计算精度，对图 6.5 所示 2 个三角形单元的变形计算精度进行分析。表 6.2 和表 6.3 所示结果，以及与有限元方法计算结果的对比表明：含 3 个附加节点的弹簧质点模型计算精度与有限元方法相当。

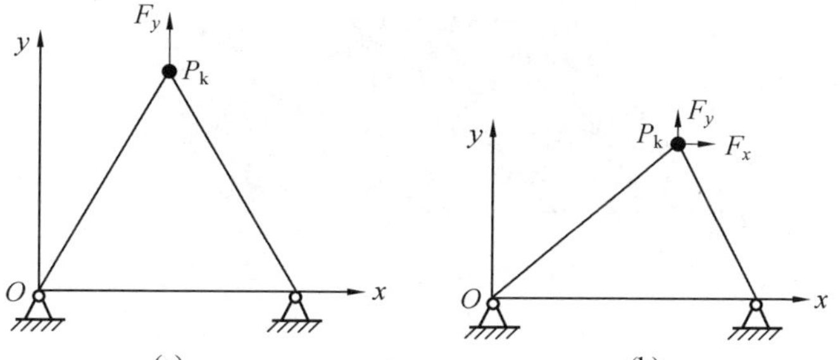

图 6.5　单个三角形单元受力图

表 6.2　三角形顶点 P_k（图 6.5(a)）沿 y 方向的位移

F_y	UY　MSMTN	UY　FEM	相对误差 /%
0.1	2.1162×10^{-3}	2.1163×10^{-3}	0.00
0.5	1.0583×10^{-2}	1.0582×10^{-2}	0.02
1	2.1174×10^{-2}	2.1163×10^{-2}	0.05
2	4.2391×10^{-2}	4.2326×10^{-2}	0.15
3	6.3664×10^{-2}	6.3489×10^{-2}	0.28
4	8.4999×10^{-2}	8.4652×10^{-2}	0.41
5	1.0639×10^{-1}	1.0582×10^{-1}	0.55

表 6.3　三角形顶点 P_k（图 6.5(b)）沿 x 方向的位移

$F_x = F_y$	UX　MSMTN	UX　FEM	相对误差 /%
0.01	3.3598×10^{-4}	3.3600×10^{-4}	0.005
0.05	1.6799×10^{-3}	1.6800×10^{-3}	0.007
0.1	3.3594×10^{-3}	3.3600×10^{-3}	0.016
0.2	6.7179×10^{-3}	6.7200×10^{-3}	0.032
0.3	1.0075×10^{-2}	1.0080×10^{-2}	0.046

将所提出的弹簧质点模型应用于膜结构变形分析。如图 6.6 所示，以一个尺寸为 1 mm × 1 mm、厚度为 0.001 mm 的正方形薄膜为研究对象，薄膜四边固定，中间点受竖向集中力作用。受力平衡后的正方形薄膜变形如图 6.7 所示，

薄膜中心点 z 方向位移值为0.061 927 1,而采用非线性有限元方法计算得到的结果为0.062 164,两者的相对误差仅为0.38%。

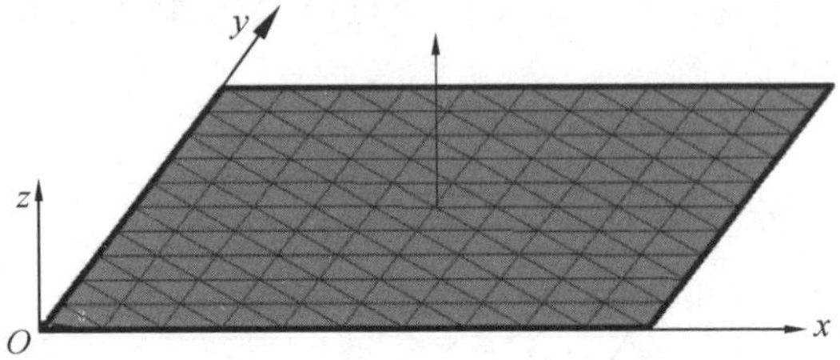

图6.6　正方形薄膜受力图

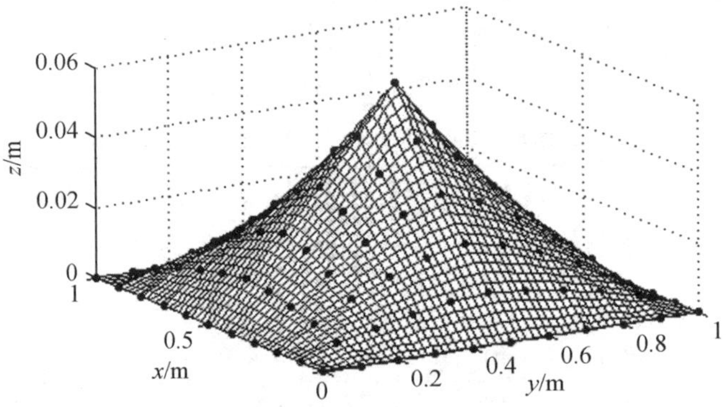

图6.7　正方形薄膜变形图

膜结构的数值算例表明,本节所提出的弹簧质点模型能在保留弹簧质点模型高计算效率的基础上,实现良好的计算精度;更重要的是能够广泛适用于任意的三角形单元划分和正交各向同性材料参数,并为用离散结构来表征连续体提供了一种可行的思路。所建立的数值模型可以广泛应用于膜结构计算以及动画仿真等领域。

6.2.3　适用于正交各向异性膜材的弹簧质点模型

膜材为典型的正交各向异性材料,其不同方向上的抗拉强度、断裂伸长率、初始模量和断裂功均有较大差异,因而需要用正交各向异性弹性理论对膜材进行受力变形分析。

弹簧质点模型作为一种简明高效的计算方法,在薄膜、织物等柔性材料仿真方面得到广泛运用。但是,目前在用弹簧质点模型来精确模拟膜结构时能提供弹簧刚度解析解的成果非常少,且集中于正交各向同性膜材。对于正交各向同性膜材,其独立的材料常数只有 2 个;而正交各向异性膜材料柔度矩阵中则有 E_1、E_2、μ_{12}、G_{12}4 个独立的材料常数。此外,膜材在单元划分后还需要有描述材料主方向和单元坐标主方向夹角的变量。本节基于第6.2.1节和第6.2.2节提出的含附加节点的弹簧质点模型,成功地解决了正交各向异性膜材对应的弹簧刚度计算问题。

1. 含1个附加节点的弹簧质点模型

有限元三角形单元刚度矩阵 $\overline{\boldsymbol{K}}_{\text{fem}}^{\text{e}}$ 是单元形状参数(α,β,τ,t) 和材料常数的函数。如图6.8所示,弹簧质点模型三角形单元刚度矩阵 $\boldsymbol{K}_{\text{msm}}^{\text{e}}$ 则是主弹簧刚度系数(k_1,k_2,k_3)、附加弹簧刚度 k_c 以及附加节点坐标参数(λ_1,λ_2) 的函数。

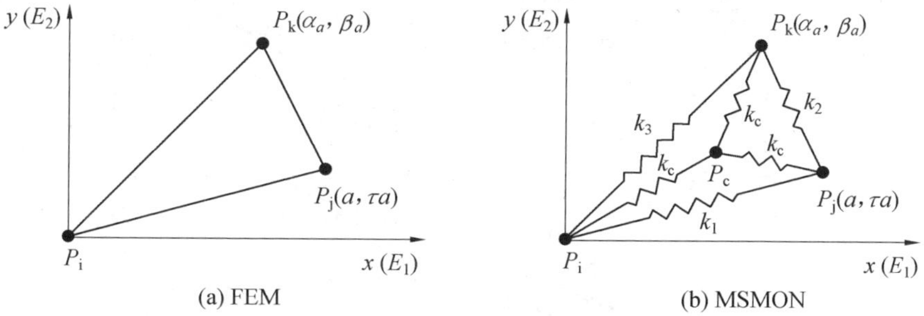

图 6.8　三角形单元示意图

在弹簧质点模型中,假设:(1) 忽略附加节点的阻尼和质量;(2) 附加节点不直接承受外加荷载;(3) 附加节点始终在三角形面内。通过自由度缩减方法,可以得到含附加节点弹簧质点模型三角形单元等效刚度矩阵为

$$\overline{\boldsymbol{K}}_{\text{msm}}^{\text{e}} = \boldsymbol{K}_{\text{mm}}^{\text{e}} - \boldsymbol{K}_{\text{ms}}^{\text{e}}(\boldsymbol{K}_{\text{ss}}^{\text{e}})^{-1}\boldsymbol{K}_{\text{sm}}^{\text{e}} \tag{6.14}$$

从而可以通过求解泛函 $\boldsymbol{J} = \| \overline{\boldsymbol{K}}_{\text{fem}}^{\text{e}} - \overline{\boldsymbol{K}}_{\text{msm}}^{\text{e}} \|_2^2$ 的极值得到适用于正交各向异性膜材的各弹簧刚度系数及附加节点坐标的解析式:

$$k_1 = \frac{G_{12}t(1+t^2)}{2c_1\phi_3}\frac{1}{\varphi_1 - \tau\varphi_2}((\beta\phi_1 + \alpha c_1\phi_2)\varphi_1 + (c_1\phi_3 + \beta c_2\phi_2)\varphi_2) \tag{6.15}$$

$$k_2 = \frac{G_{12}t(\phi_1^2 + \varphi\phi_2^2)}{2c_1\phi_3}\frac{1}{\phi_2\varphi_1 - \phi_1\varphi_2 + c_3\phi_3^2}(\alpha\beta\tau(\kappa - c_2^2) + c_1^2(\beta^2 - \alpha\tau\phi_3) + c_1(\alpha^2\kappa + \beta^2\tau^2 - c_2\phi_3^2)) \tag{6.16}$$

$$k_3 = \frac{G_{12}t(\alpha^2 + \beta^2)}{2c_1\phi_3}\frac{1}{\alpha\varphi_1 - \beta\varphi_2}(\tau(\kappa - c_2^2)\phi_1\phi_2 + c_1^2(-\tau\phi_1 + \alpha\tau^2\phi_2 + \beta\phi_3) + c_1(\tau^2\phi_1^2 + \kappa\phi_2^2 - c_2\phi_3^2)) \tag{6.17}$$

$$k_c = \frac{G_{12}t}{c_1\phi_3}\frac{1}{(\alpha\varphi_1 - \beta\varphi_2)(\varphi_1 - \tau\varphi_2)}\frac{\psi_0 - \psi_1\alpha + \psi_2\alpha^2 - \psi_3\beta + \psi_4\beta^2}{\psi_1\phi_2 - \psi_2\phi_1 + \phi_3^2c_3} \tag{6.18}$$

$$\lambda_1 = \frac{\varphi_2}{c_3 \phi_3}, \quad \lambda_2 = \frac{\varphi_1}{c_3 \phi_3} \tag{6.19}$$

以上的公式退化后可以直接得到正交各向同性膜材的弹簧刚度系数和附加节点坐标。如图 6.9 所示，通过比对有限元大变形计算结果、Gelder 解和 Lloyd 解后发现，所给出的正交各向异性膜材弹簧质点模型能精确地计算膜材变形，其精度与有限元方法相当，较传统弹簧质点模型显著提高。

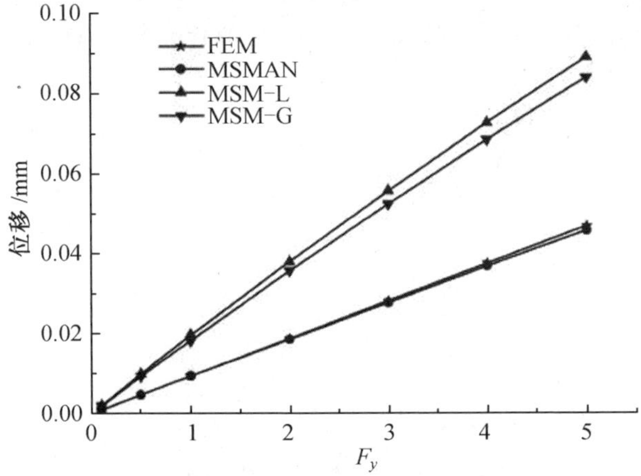

图 6.9　不同三角形单元模型位移计算精度比较图

2. 含 3 个附加节点的弹簧质点模型

类似的，将含 3 个附加节点的弹簧质点模型推广到各向异性膜材，所推导出的各弹簧刚度系数分别为

$$k_1 = -9(3E_1^2\beta^4 + E_2G(5 + 12\alpha - 12\alpha^2)\beta^2\nu^2 + E_1(G(-5 - 12\alpha + 12\alpha^2)\beta^2 + E_2(-6\alpha^3 + 3\alpha^4 - 7\beta^2\nu + \alpha(15 - 6\beta^2\nu) + 6\alpha^2(-2 + \beta^2\nu))))k_0$$

$$k_2 = -9(1 - 2\alpha + \alpha^2 + \beta^2)(5E_2G(5 - 6\alpha)\beta^2\nu^2 + E_1(5G(-5 + 6\alpha)\beta^2 + E_2(-33\alpha^2 + 15\alpha^3 - 8\beta^2\nu + 15\alpha(1 + \beta^2\nu))))k_0$$

$$k_3 = 9(\alpha^2 + \beta^2)(5E_2G(1 - 6\alpha)\beta^2\nu^2 + E_1(5G(-1 + 6\alpha)\beta^2 + E_2(3 - 6\alpha - 12\alpha^2 + 15\alpha^3 - 7\beta^2\nu + 15\alpha\beta^2\nu)))k_0$$

$$k_{c1} = 2(7 - \alpha + \alpha^2 + \beta^2)(-5E_2G\beta^2\nu^2 + E_1(5G\beta^2 + E_2(-9\alpha + 9\alpha^2 + 4\beta^2\nu)))k_0$$

$$k_{c2} = 2(7 - 13\alpha + 7\alpha^2 + 7\beta^2)(E_2G(13 - 18\alpha)\beta^2\nu^2 + E_1(G(-13 + 18\alpha)\beta^2 + E_2(9\alpha - 18\alpha^2 + 9\alpha^3 - 5\beta^2\nu + 9\alpha\beta^2\nu)))k_0$$

$$k_{c3} = -2(1 - \alpha + 7\alpha^2 + 7\beta^2)(E_2G(5 - 18\alpha)\beta^2\nu^2 + E_1(G(-5 + 18\alpha)\beta^2 + E_2(-9\alpha^2 + 9\alpha^3 - 4\beta^2\nu + 9\alpha\beta^2\nu)))k_0$$

其中

$$k_0 = \frac{t}{18\beta^3(E_1 - E_2\nu^2)}$$

根据正交各向异性材料性质，有 $E_1 - E_2\nu^2 > 0$，且单元面积参数 $\beta > 0$，因此，上述弹簧刚度系数表达式中的分母均不会为 0。这一性质表明，弹簧刚度系数表达式可适用于任意的三角形单元形状和任意的各向异性材料参数，不存在任何限制条件。

图 6.10 所示为一矩形膜在单向拉伸时的变形分析。变形过程中，薄膜出现大转动，属于大转动、小应变的问题。表6.4 和表6.5 给出了不同节点位移计算结果与理论解的比较。由结果可知，所提出的弹簧质点模型能精确模拟各向异性膜材变形，能够实现弹簧质点模型在计算效率和计算精度之间的平衡。

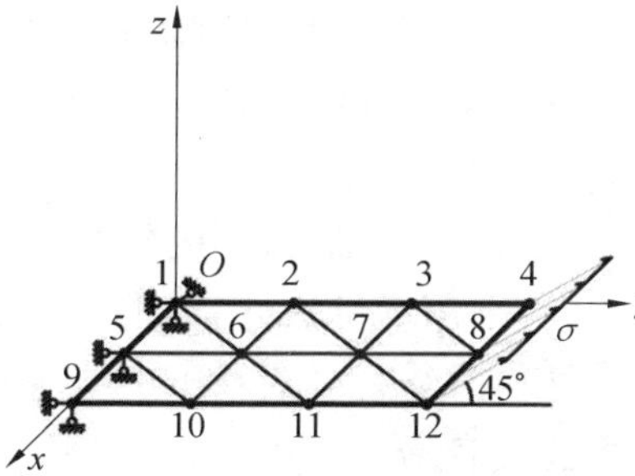

(a) 矩形膜拉伸变形前

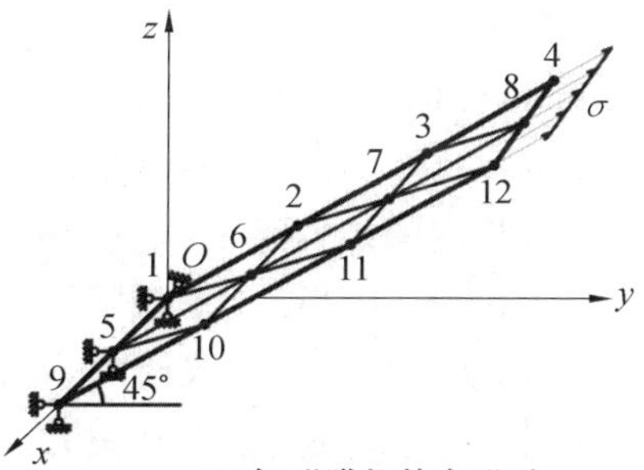

(b) 矩形膜拉伸变形后

图 6.10　矩形膜拉伸变形

表 6.4　边 P_4P_{12} 上各点的位移值

节点	理论解 - UY	MSM - UY	相对误差 /%	理论解 - UZ	MSM - UZ	相对误差 /%
4	-8.69×10^{-1}	-8.70×10^{-1}	0.059 6	2.130 7	2.131 3	0.027 3
8	-8.69×10^{-1}	-8.68×10^{-1}	-0.126 9	2.130 7	2.129 7	-0.048 9
12	-8.69×10^{-1}	-8.67×10^{-1}	-0.209 5	2.130 7	2.128 9	-0.083 0

表 6.5　边 P_9P_{12} 上各点的位移值

节点	理论解 - UX	MSM - UX	相对误差 /%
9	$-3.535\,5\times10^{-3}$	$-3.546\,7\times10^{-3}$	0.316 3
10	$-3.535\,5\times10^{-3}$	$-3.522\,5\times10^{-3}$	-0.369 7
11	$-3.535\,5\times10^{-3}$	$-3.496\,3\times10^{-3}$	-1.110 6
12	$-3.535\,5\times10^{-3}$	$-3.469\,7\times10^{-3}$	-1.863 0

6.2.4 基于弹簧质点模型的几何大变形增量计算方法

对于弹簧质点模型(MSM)来说,各质点的运动规律由牛顿第二定律控制,各质点间的弹簧力则根据质点间位置的改变量由胡克定律得到,而非利用应力－应变关系计算;因此,弹簧质点模型能解决膜结构的大转动问题。但是,如果膜结构出现大应变,预应力或变形产生的应力将显著改变柔性结构的形状和受力特征,使得原始模型中各弹簧刚度系数不能准确代表变形后膜结构的真实力学性能,进而显著降低弹簧质点模型的计算精度;因此,解决大应变问题是提高弹簧质点模型计算精度的关键。

增量法是解决大应变问题的一种重要手段,借鉴修正拉格朗日法(UL 法)的基本思路,本研究提出了针对弹簧质点模型的增量法,有效解决了膜结构的大变形计算。在有限元 UL 方法中,以 t 时刻构形作为参考构形,$t+n\Delta t$ 时刻的第二类 Piola－Kirchhoff 应力 S、应力增量 ΔS,t 时刻的 Cauchy 应力 $\boldsymbol{\sigma}_t$、第二类 Piola－Kirchhoff 应力 S_t 之间满足关系:$S=S_t+\Delta S=\boldsymbol{\sigma}_t+\Delta S$。引入假设:在这一段时间步长内膜结构满足小应变的条件。于是,$t+n\Delta t$ 时刻的应力计算公式可以简化为 $S=\boldsymbol{\sigma}_t+D\Delta\boldsymbol{\varepsilon}$。对于膜结构来说,在采用增量法计算时,使用了类似的假设,从而能保证在这一段时间步长内膜结构的受力可以基于小应变的条件计算。于是,弹簧质点模型中弹簧力的计算公式表示为

$$(\boldsymbol{F}_s)_{t+n\Delta t}=(\boldsymbol{F}_s)_t+(\Delta\boldsymbol{F}_s)_t \tag{6.20}$$

其中弹簧力增量 $\Delta\boldsymbol{F}_s$ 由膜的弹性变形引起。

对于传统的弹簧质点模型,影响其大变形问题计算精度的主要原因在于弹簧参数的确定。传统弹簧质点模型中,弹簧刚度系数与材料、结构参数之间没有显式的解析表达式,需要反复试算得到最优解。然而,在利用增量法计算时,这一缺陷使得单元构形更新后,无法修正弹簧质点模型中的弹簧刚度系数,从而使$(\Delta\boldsymbol{F}_s)_t$计算产生很大的误差。因此,传统弹簧质点模型限于解决一些小应变、大转动的问题。在本研究中,由于首次提出了适用于各向同性、各向异性材料的新型弹簧质点模型,其弹簧刚度系数表达式被显式给出,从而使得增量法可以在弹簧质点模型中使用。

与传统弹簧质点模型不同,新型弹簧质点模型中$(\boldsymbol{F}_s)_t$包括了结构弹簧的弹簧力和附加弹簧的弹簧力两种。由于参照构形更新时,附加节点的位置会发生改变,进而改变附加弹簧力的作用方向;因此,在当前构形下附加弹簧力分解到相邻两边的方向上,再与结构弹簧力叠加来计算、存储$(\boldsymbol{F}_s)_t$。

弹簧质点模型增量法的基本算法流程如下:

(1) 将荷载分为若干个增量,按照增量步进行加载计算,如完成所有增量

步,则计算结束。

(2) 根据初始状态或上一增量步计算结果更新参照构形。

(3) 施加结构弹簧上的预加弹簧力,包括上一增量步中的结构弹簧力和附加弹簧力在结构弹簧方向的分力。

(4) 更新单元主从节点坐标、弹簧刚度系数及弹簧初始长度。

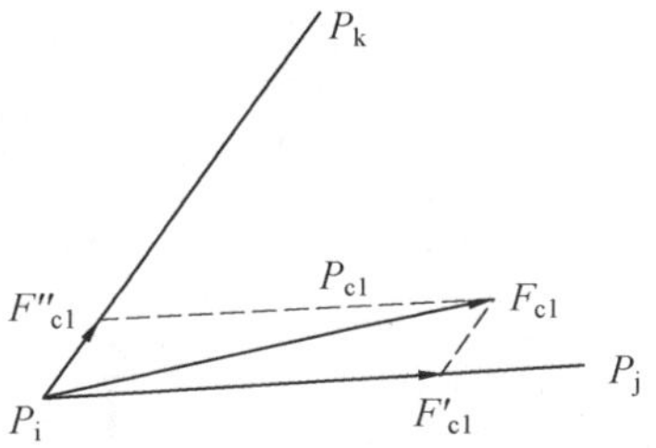

图 6.11　附加弹簧力的分解

(5) 收敛性判断,收敛则进入下一荷载增量步,返回(1);不收敛则继续当前荷载增量步的迭代计算。

(6) 计算主节点上的合力,施加位移边界条件,利用数值积分方法计算主节点位移。

(7) 根据主节点位移计算附加弹簧力,并计算更新附加节点位移;返回(5)。

图 6.12 给出了正方形薄膜在中心集中力作用下的提升变形过程,整个变形过程分为 5 步:

(1) 正方形薄膜四边固定,初始状态是处于水平平面内的无受力状态,如图 6.12(a) 所示。

(2) 正方形薄膜中心在受到竖向集中力作用后,如图 6.12(b) 所示,中心区域节点会在集中力作用下向上提升,其运动阻力主要来自于四边节点的弹簧拉力;但由于运动尚未传递到边界,不可能有足够的拉力来平衡外力的作用。此时,中心区域质点会产生较大的竖向加速度。从计算结果上看,可以发现被提升区域的面积快速增大。

(3) 正方形薄膜中心在集中力作用下继续上升,被提升区域也相应增大,如图 6.12(c) 所示,在正方形薄膜固定边界附近的质点也开始被提升,这意味着通过薄膜的变形已将部分外加荷载传递到了固定边界。此时,固定边界的约束作用逐步体现,在正方形薄膜四周的点受约束影响大,而中心点影响小,故薄膜中心点附近的薄膜变形开始出现较尖锐的峰值。

(4) 随着薄膜变形的进一步增大,如图 6.12(d) 所示,大部分固定边界开始发挥约束作用,整个薄膜开始逐步绷紧,即薄膜的主体变形开始由刚体变形转变为弹性变形,对于薄膜中心点来说,所受周围薄膜的弹性力开始迅速变大,接近外加集中力的数值。

(5) 当薄膜提升到如图 6.12(e) 所示阶段,整个薄膜变形完全,所受的外加荷载已经能通过张紧的薄膜有效传递到固定边界上,最终达到平衡位置。

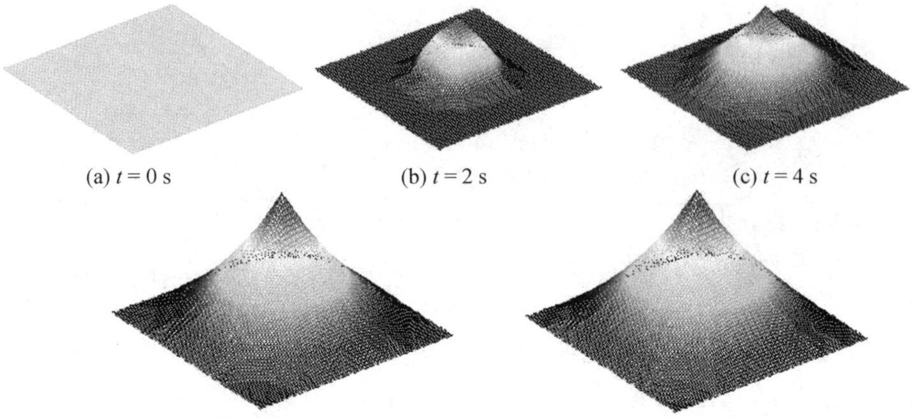

(a) $t=0$ s　(b) $t=2$ s　(c) $t=4$ s　(d) $t=6$ s　(e) $t=8$ s

图 6.12　薄膜变形过程

由最终的薄膜变形结果可以看出，正方形薄膜中心处的变形出现一个尖锐的峰值，这体现出集中力的作用效果；同时中心处薄膜的变形没有出现过度的拉伸，表明采用的弹簧质点模型能正确表征薄膜的真实力学特性，可以避免传统弹簧质点模型在集中力作用下的“超弹性” 现象。

图 6.13 进一步针对不同的网格划分情况，分析了弹簧质点模型计算结果与有限元计算结果的相对误差。当单元划分更加细密时，弹簧质点模型的计算精度得以不断提高。

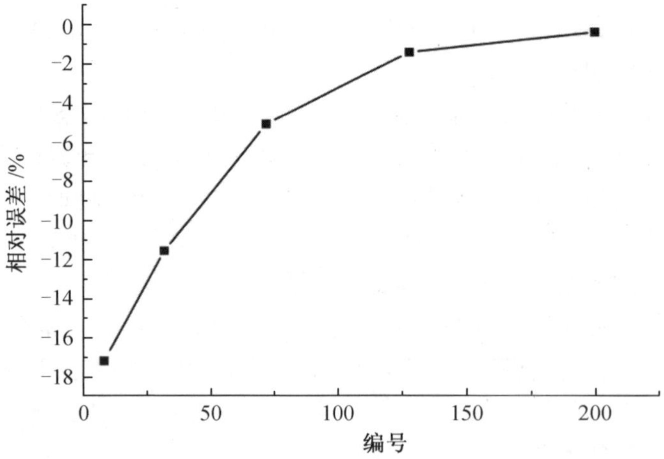

图 6.13　弹簧质点模型与有限元模型计算结果的相对误差

6.3 基于弹簧质点模型的索滑移分析方法

索膜结构中,索是为膜结构提供预应力、保持结构承载能力的重要构件。在滑动索系张拉成形过程中或使用阶段,连续长索会在一些节点出现自由滑动,导致节点两侧的索长变化。此时,索力的计算较索在节点处固定的问题复杂很多。在有限元方法中多采用摩擦滑移索单元来处理,而在弹簧质点模型应用于索滑移问题时,采用修改弹簧原长而保持弹簧质点模型节点不变的做法,有效解决了中间支座可滑移连续索的受力分析问题,其做法可推广至索膜滑移问题。

索模型离散后是由弹簧和质点组成的体系。由于索和支座之间容许滑移,所以初始位置在 P 点的索节点 P' 在索变形后会移动到新的位置,如图 6.14 所示。为避免单元重新划分,且满足位移连续和力平衡条件,采用了固定节点而修改弹簧单元原长的做法,其思路类似于改变支座处的物质点而保持空间点不变。具体步骤如下:

(1) 正常划分索单元,将索单元节点和中间支座设为一致。

(2) 按照一般的弹簧质点模型计算索变形,其中与中间支座重合的索节点作为固定节点约束处理。

(3) 根据索变形结果,计算中间支座两侧索拉力。

(4) 当两侧索拉力差小于摩擦力时,位移连续和力平衡条件满足;当两侧索拉力差大于摩擦力时,需要根据节点上力的平衡条件,重新分配拉力。

(5) 两侧索拉力的变化是由索节点滑移引起的,而索模型未改变单元划分,索节点依然要求与支座重合;因此,需要根据调整后的索力重新计算支座两侧索单元的弹簧原长。这种处理起到了重划单元的效果。

(6) 迭代,直至结构变形和中间节点索拉力收敛。

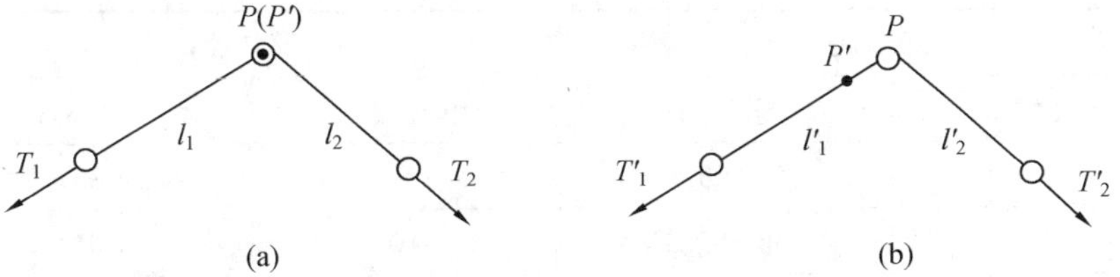

图 6.14　中间支座处的连续索滑移示意图

将所提出的滑移索计算方法应用于有一支座的两跨连续索(图 6.15),其中间节点为定滑轮(不计摩擦)。当索两端固定在左右两侧端点上后,索经过滑移过程得到的最终形态如图 6.16 所示。图示结果表明,本节提出采用的滑移索计算方法所得结果与解析解十分吻合。

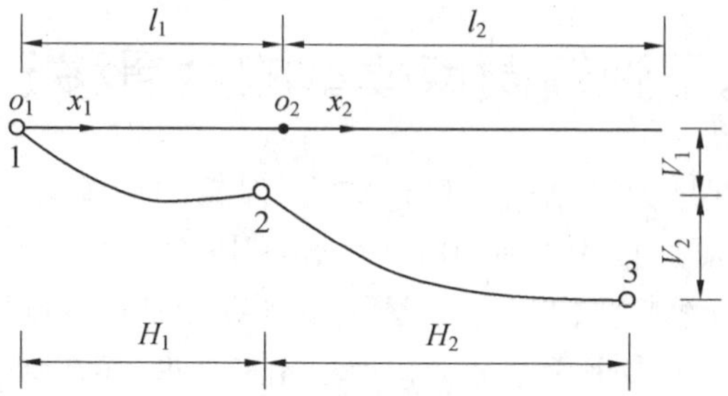

图6.15 两跨连续索示意图

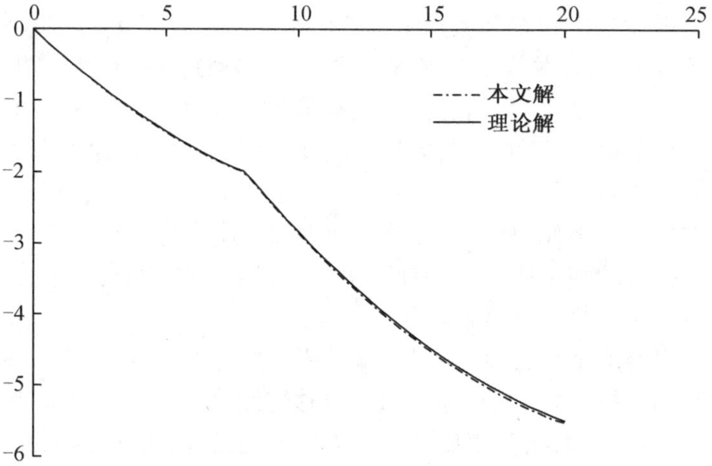

图6.16 滑移索变形结果比较

采用5.2.8算例进行分析。表6.6给出了基于弹簧质点模型的索单元张力的计算结果,其大小与文献中有限元方法计算结果非常接近。

表6.6 索张力计算结果

第一跨		第二跨	
单元编号	索张力	单元编号	索张力
1	56 500.3	9	54 857.5
2	56 205.3	10	54 014.0
3	55 932.4	11	53 240.8
4	55 438.1	12	51 886.7
5	55 438.1	13	51 886.7
6	55 228.0	14	51 333.1

续表 6.6

第一跨		第二跨	
单元编号	索张力	单元编号	索张力
7	55 035.6	15	50 854.8
8	54 857.5	16	50 449.7
		17	50 122.7
		18	49 867.3
平均	55 608.9	平均	51 915.5
文献[88]	57 286.8	文献[1]	52 974.6
第 5 章	55 630.0	第 5 章	52 427.0

以上的数值算例表明,基于弹簧质点模型的索滑移计算方法能正确分析连续滑移索的变形,计算结果精度良好。如果将离散后的膜节点作为支座来处理,即可将索滑移算法进一步应用于索膜滑移问题中。

6.4　考虑索膜滑移的空间膜结构施工张拉过程分析

空间膜结构是一种柔性结构,在满足一定几何构造的情况下,需要通过施加预应力来获取刚度,进而获得承载能力。空间膜结构成形并获得刚度的过程是膜结构从初始无应力松弛状态到有预应力状态的一个变化过程。在这一过程中,预应力的施加方案与结构受力及结构设计密切相关。为了使理论分析能更好地吻合实际施工过程,本节以索膜结构的新型弹簧质点模型为基础,按施工过程模拟分析空间膜结构的张拉过程。

6.4.1　索膜滑移对膜结构找形分析的影响

本节以一个典型的双曲抛物面索膜结构为研究对象。如图 6.18 所示,膜片中设 4 根柔性边索,每 2 根边索与钢立柱相连接,钢立柱外由 2 根自由索拉接。模型结构的基本尺寸如图6.17 所示,膜面对角线方向为4 m,2 个钢立柱高度 1 m,2 个钢立柱高度为 1.5 m,边索矢跨比全部设为 0.1。所用膜材为 ZZF3010,经向张拉刚度为 11 448 N/m,纬向张拉刚度为 9 792 N/m,边索统一选用公称直径为 9.5 mm,弹性模量为 210 GPa 的钢绞线。设定索膜结构张拉成形时膜面应力为 2 MPa,边索拉力为 10 kN。

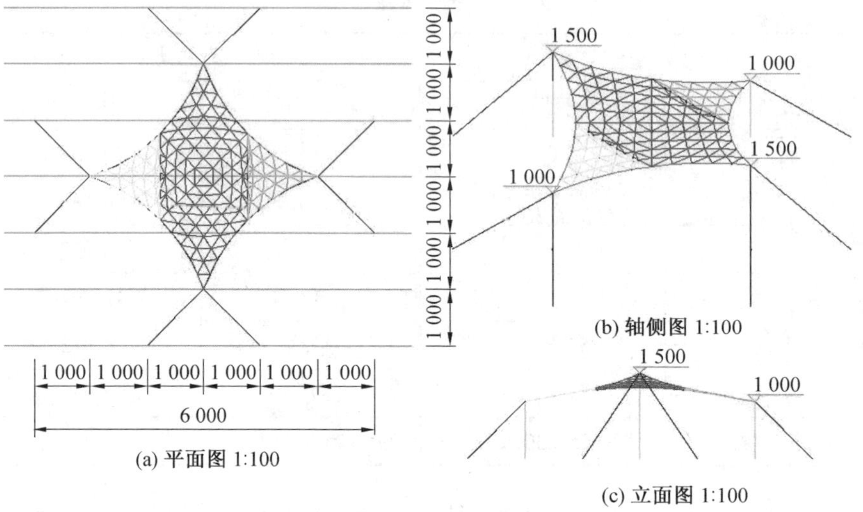

图 6.17　索膜结构的基本尺寸

在传统的索膜结构找形分析中，通常不考虑索膜滑移现象。索膜间存在摩擦滑移时，由于其是一个不可逆的非线性过程，传统的找形方法是不适用的；但即使是无摩擦的自由滑移，传统索膜找形方法在索膜协调变形上也存在问题。在传统找形分析中，所确定的张拉结构形态中索与膜上索套的长度是相等的；但是，实际施工张拉过程中，索膜结构初始为无预应力状态，且索、膜的弹性模量不一致，从而会导致初始状态下索与膜上索套的长度不一致。在张拉过程中必然会出现索膜相对滑移来保证两者的变形协调。

针对上述双曲抛物面索膜结构，将由德国 EASY 软件计算得到的裁剪图作为索膜结构的初始状态。完成单元划分后的模型如图 6.18 所示。分析时，利用前面提出的新型弹簧质点模型和增量计算方法，从索膜结构无预应力状态开始计算，一直到张拉完成后结束计算。

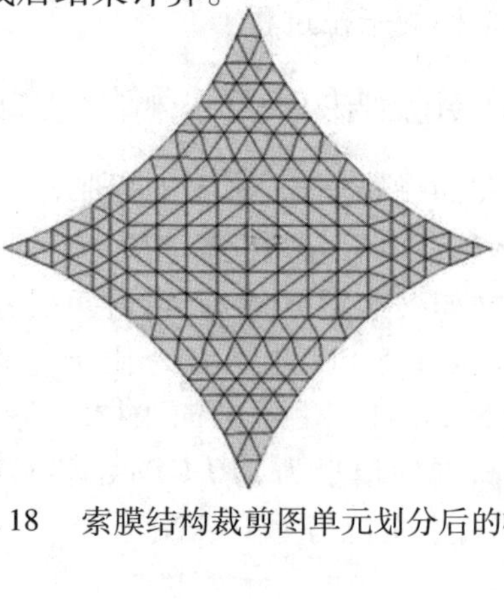

图 6.18　索膜结构裁剪图单元划分后的模型

不考虑索作用时,将单纯膜结构张拉到设计位置,膜结构的主应力矢量图如图 6.19 所示。由于缺少边索的张拉作用,纯膜结构在 4 个顶点张拉到位后,只有4 条边附近的膜是张紧的,第一主应力的数值小于预定值2 MPa;膜中间区域的应力很小,甚至处于松弛状态。当考虑索作用时,假设索膜间不出现滑移,图 6.20 给出了索膜共节点张拉后的主应力矢量图。此时,在考虑边索的作用后,整个膜面完全张紧;从主应力矢量图中可以看出,边索对于膜面有明显的张紧作用,但是膜结构的第一主应力值就高达 10 ~ 30 MPa,远高于预应力设计值,与实际情况不符。进一步分析索力,如图 6.21 所示,可求得各单元索力的平均值约为 50.5 kN,远大于 10 kN 的设计索力。这一现象产生的根本原因来自于计算模型:在模型中假设膜节点与索节点是共节点的,且边索的原长与膜边长度相同,因此,索膜结构变形时,为保持索膜变形协调,索的伸长将远大于实际值,而边索索力过大则进一步导致膜面应力过大。故在模拟索膜结构实际施工张拉时,采用索膜共节点的模型是不合适的,必须考虑索膜滑移现象。

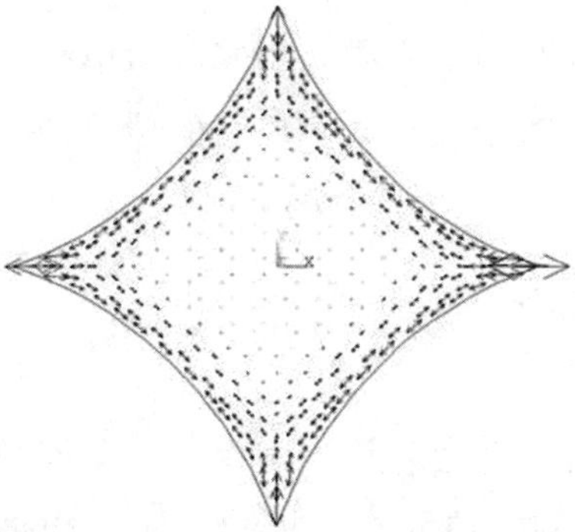

图 6.19　膜结构的主应力矢量图

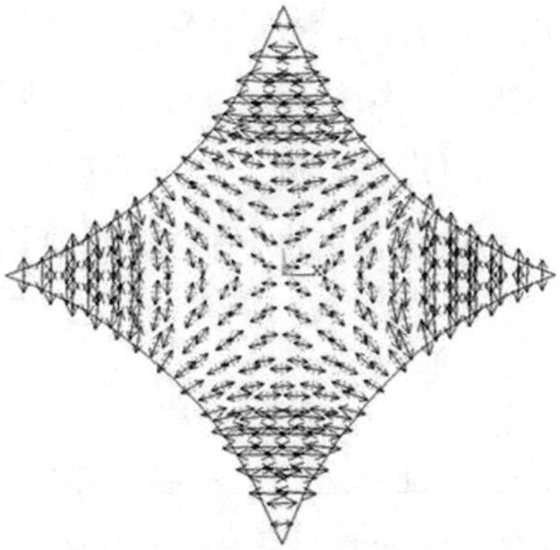

图 6.20　索膜共节点张拉后的主应力矢量图

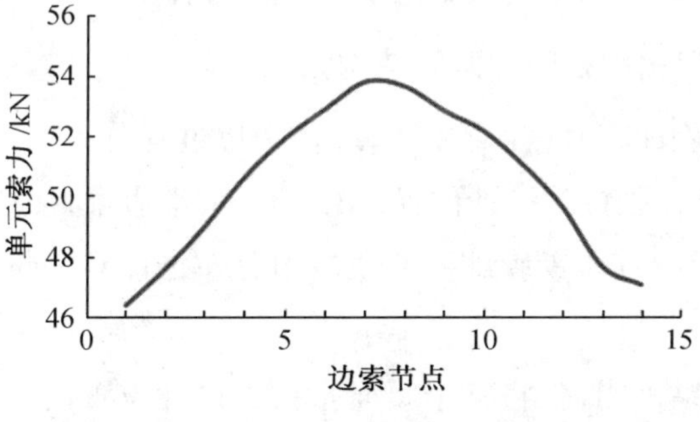

图 6.21　索膜共节点张拉后的边索索力

6.4.2 考虑索膜自由滑移时的索膜结构张拉分析

根据上述小节的分析，在索膜计算模型中，如果索膜节点固结（相当于索膜节点间摩擦力无穷大），则张拉后膜结构应力和索力值均远超过设计值。本小节将进一步讨论索膜自由滑移的情况，即索膜节点间没有摩擦力。真实结构的应力状态应该介于两种极限状态之间。为了准确计算索膜结构受力状态，按照索膜结构施工顺序：先张拉式膜结构（边索不受力），再张紧边索的过程进行数值模拟计算。

1. 索膜自由滑移的处理

在计算索膜自由滑移过程中，先按照索膜共节点情况计算索膜结构变形，然后根据索节点位移情况计算变形产生的索力。如果索节点两侧索单元的索力不相等，则会出现索膜节点的滑移，直至索节点两侧索力相同。为了避免索膜节点滑移时结构单元需要重新划分的问题，本研究中采用修改索单元原长而不改变索节点位置的方法。经过推导可得，对于索有 n 个单元的情况，其中第 i 个索单元在索膜自由滑移后，其原长为

$$l'_{i0} = l_i \cdot \frac{\sum l_{i0}}{\sum l_i} \tag{6.21}$$

为了保证各边索能加载到指定的索力值，在每条边索中设置一个控制索单元（双曲抛物面膜结构中，将与高点相连接的索单元作为控制单元），根据指定索力值不断改变控制索单元的原长，模拟索端螺栓调节过程，直至索力达到预设值，并保证控制索单元原长的变化小于给定阈值。

2. 考虑索膜自由滑移时的索膜结构张拉

模拟施工过程计算时，为简化计算，将张拉过程分为两步：第一步，不考虑边索，首先将膜结构张拉到设计位置；第二步，张紧边索，使边索索力加载到预设值。进行两步张拉后，索膜结构的主应力分布云图和矢量图如图 6.22 和图 6.23 所示。

图示计算结果表明，仅将整个膜面张拉到设计位置而边索未张拉时，膜面并未完全张紧。对于研究中采用的膜面裁剪尺寸模型，只有靠近边索的膜面区域处于张紧的状态，膜面中间区域受到的拉力很小。当边索张紧后，整个膜面

才完全张紧,主应力矢量分布与找形状态应力分布规律相类似;但此时,膜结构中的应力分布不均匀,且数值略大于设计值。这种应力分布的不均匀性将会进一步影响膜结构的承载能力以及褶皱变形,因此,考虑索膜滑移的膜结构张拉成形以及施工过程对于合理设计、安装膜结构是非常重要的。在索膜滑移处理时,加入摩擦力的影响,还可进一步将相关工作推广到有摩擦滑移情况下的膜结构分析。

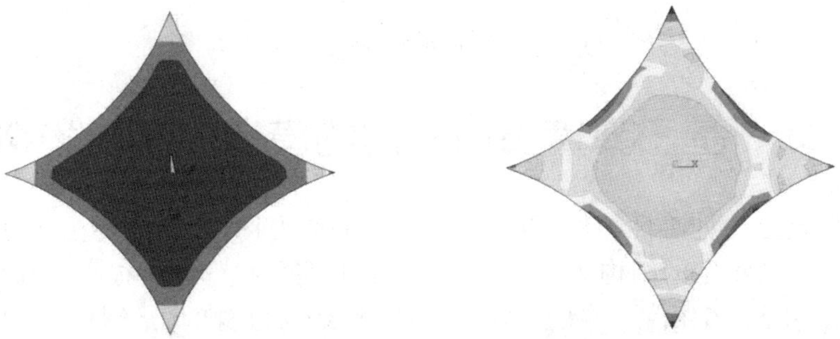

(a) 第一步张拉　(b) 第二步张拉

图6.22　索膜结构张拉后第一主应力分布云图

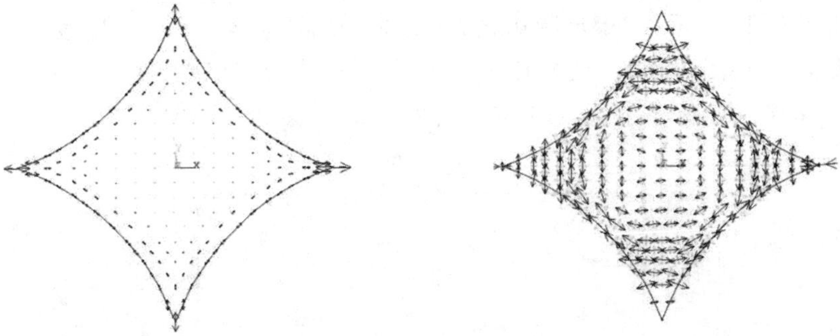

(a) 第一步张拉　(b) 第二步张拉

图6.23　索膜结构张拉后主应力分布矢量图

3. 不同张拉误差对索膜结构的影响

考虑双曲抛物面膜张拉的三种工况:(1) 按设计尺寸张拉;(2) 膜面高点竖向高度比设计值高1 cm;(3) 膜面高点水平向位移比设计值多1 cm。在三种工况中,边索索力最终都加载到10 kN。张拉后,索膜结构受力状态如图6.24所示。不同方向的张拉误差对膜面应力分布规律的影响并不大;同时,膜结构高点在竖向或水平向张拉更多的位移可以提高膜面应力,相对于竖向张拉误差,水平向张拉误差的影响更为显著。

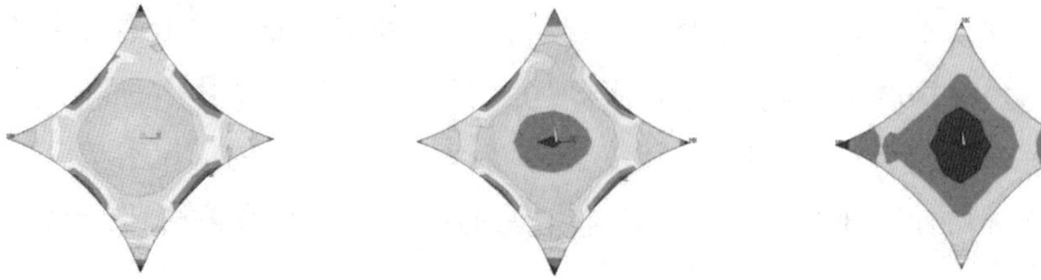

(a) 工况 1　(b) 工况 2　(c) 工况 3

图 6.24　索膜结构张拉后第一主应力云图

6.5　基于弹簧质点模型的膜褶皱现象模拟

膜结构是一种柔性结构,以膜材为主要的受力构件,且需要在张力作用下才能形成一个稳定的结构体系。但由于膜材自身的抗弯刚度很小,膜面很容易在外载作用下产生褶皱。褶皱的出现对于膜结构自身的力学行为,特别是应力、应变分布有很大影响。利用所提出的弹簧质点模型,本节分析了褶皱的形成机理,模拟了膜结构的褶皱行为。本节提出的计算方法和分析结果有利于加深读者对膜结构力学特性的理解,并可以进一步地指导膜结构的设计。

如图 6.25 所示,一矩形膜边长 $L = 375$ mm,宽 $H = 125$ mm,厚度 $t = 1$ mm,弹性模量 $E = 3\ 530$ MPa,泊松比为 0.3,上下两端为固定端,通过上端水平移动来提供剪力。加载时,使膜面上端整体水平向右移动 3 mm。

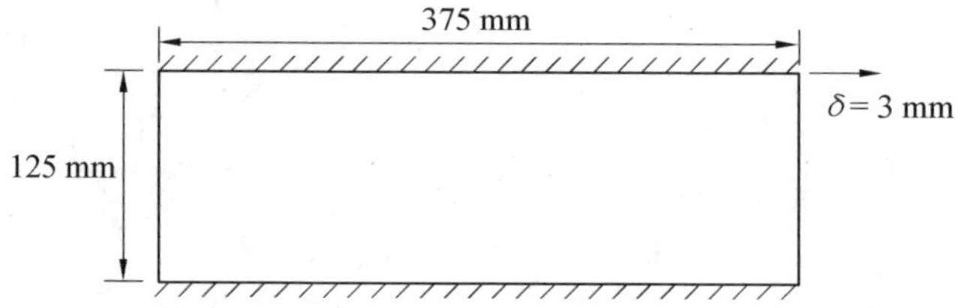

图 6.25　矩形膜示意图

利用弹簧质点模型增量法进行计算分析,矩形膜在剪切情况下的变形结果如图 6.26 所示。由图可知,计算结果准确反映出了矩形膜的变形状态。在矩形膜左上角和右下角出现了松弛区域,而在中间区域薄膜发生平面外屈曲,形成了斜向的近似平直的褶皱。褶皱形成的原因可由图 6.27 所示的主应力矢量图分析得到。在左上角和右下角区域,主应力为负值,且数值很小,使得这部分区域薄膜松弛;而在膜的中间区域,各点第一主应力为正,方向平行,与边缘近似成 45° 角,第二主应力为负值,从而使得薄膜出现褶皱。

图 6.28 给出了矩形膜褶皱状态下的面外变形云图，图中两个波峰之间的距离为87.5 mm，即褶皱半波长 $\lambda = 43.75$ mm，和理论解 39.168 5 mm 的相对误差为11.7%。图6.29 给出了 $y = 62.5$ mm 处的截面图（A—A 剖面），图中4个波峰的平均值为2.189 mm，与理论解 2.285 mm 的相对误差为 4.19%。因此，弹簧质点模型计算结果较好地反映了矩形膜的褶皱变形情况。

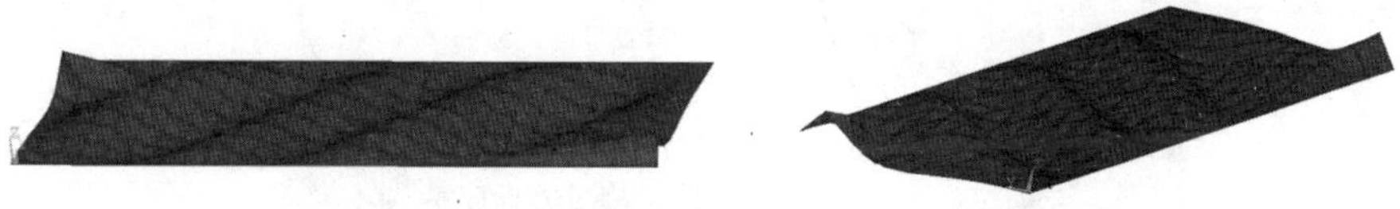

(a) 视角一　(b) 视角二

图 6.26　矩形膜变形结果（t = 1 mm）

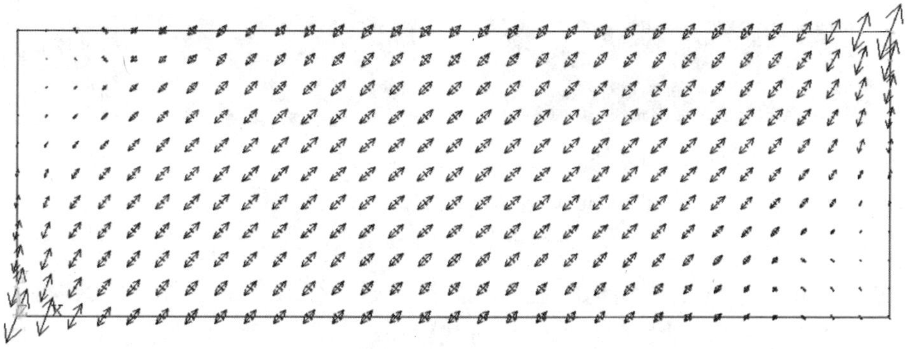

图 6.27　矩形膜主应力矢量图（t = 1 mm）

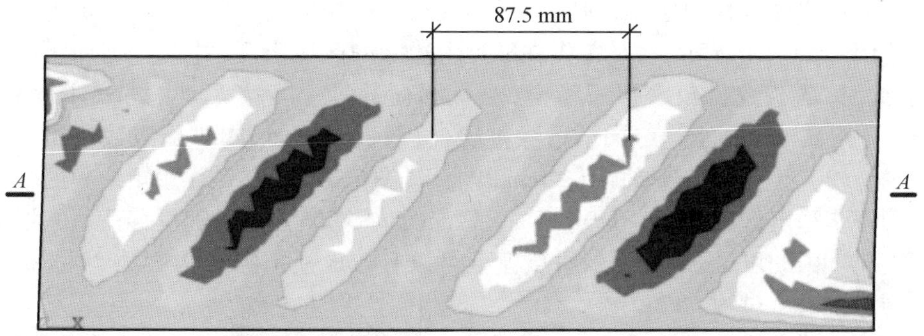

图 6.28　矩形膜褶皱状态下的面外变形云图

矩形膜其他参数保持不变，厚度改为 t = 0.1 mm，利用弹簧质点模型进行计算。图6.30（a）为MSM计算结果，与图6.30（b）所示的文献[3]结果相似。由图示结果可知，当膜厚度减少后，矩形膜将出现更多的褶皱，且褶皱幅值相应降低，这与理论分析的规律是一致的。

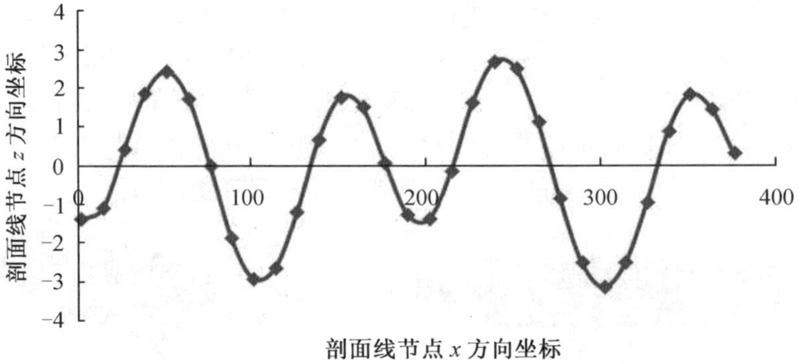

图 6.29　$y = 62.5$ mm 处的截面图(A—A 剖面)

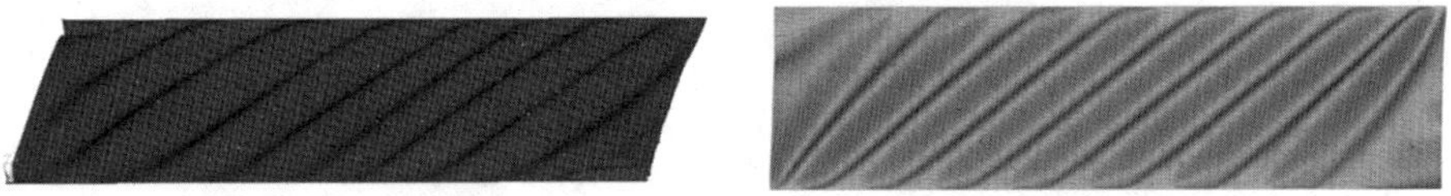

(a) MSM 计算结果　　(b) 文献 [3] 计算结果

图 6.30　矩形膜变形图($t = 0.1$ mm)

为体现矩形膜在剪切变形过程中褶皱的产生与发展,图 6.31 给出了位移荷载不断增大情况下膜结构的变形图。按照膜面褶皱形成过程,可大致将褶皱发展过程分为3个阶段:(1) 当位移荷载较小时(图6.31(a)),靠近上边缘的部分节点发生较小的面内位移,整个膜面节点的离面位移均较小,几乎不可见。(2) 随着位移荷载的增加,薄膜内部出现较大的压应力,使得褶皱区域迅速增大。图 6.31(b) 显示,褶皱首先在靠近上边缘的区域出现,并一直延伸至右下角,此时,褶皱数目较多但不稳定;当位移荷载进一步增大时(图 6.31(c) ~ (f)),褶皱开始由上边缘向下边缘扩展,直至贯通膜面,同时褶皱数目在不断减少。(3) 当位移荷载增加到2 mm以上后(图6.31(g) ~ (i)),矩形膜的褶皱变形逐步稳定,褶皱数目不再减少,但褶皱方向、褶皱幅值仍随位移荷载的增加而变化。由此可见,采用弹簧质点模型可以有效地模拟膜结构褶皱产生、扩展直至稳定的全过程。

由于膜结构抗弯刚度小,在受压应力作用时会出现褶皱和松弛的现象,从而使得薄膜局部稳定性丧失。褶皱现象的存在会显著影响膜结构的变形及应力分布,进而影响膜结构的受力性能。因此,本节利用弹簧质点模型对膜结构褶皱产生及变形过程进行了分析,得到如下结论:(1) 利用新型弹簧质点模型和增量计算方法能够很好地模拟膜结构的褶皱现象;(2) 矩形膜剪切变形过程中,存在明显的褶皱发生、扩展,最终稳定的过程;(3) 矩形膜褶皱的最终形态与单元划分、结构刚度等因素密切相关。

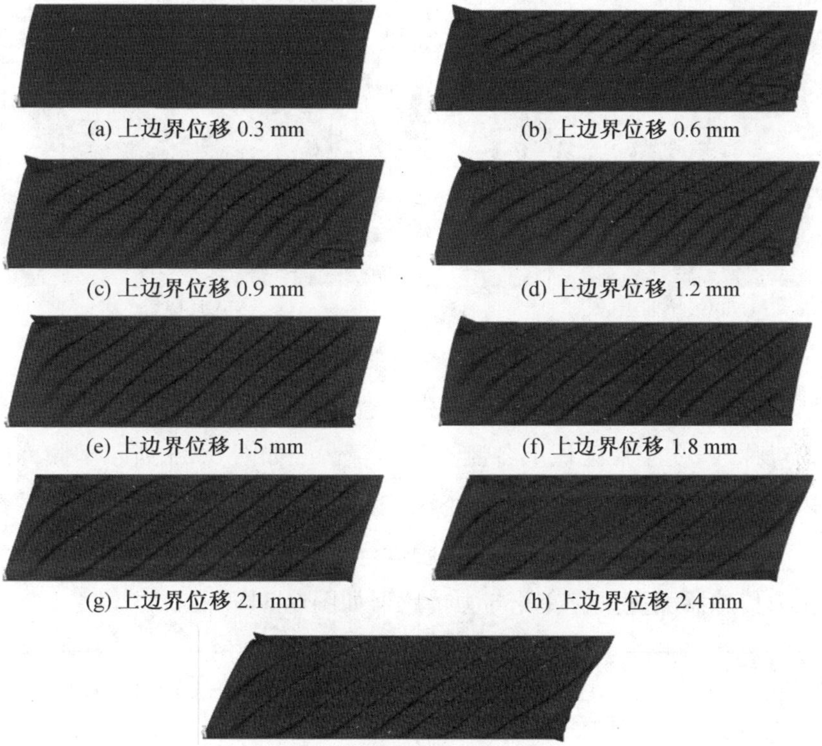

(a) 上边界位移 0.3 mm　(b) 上边界位移 0.6 mm

(c) 上边界位移 0.9 mm　(d) 上边界位移 1.2 mm

(e) 上边界位移 1.5 mm　(f) 上边界位移 1.8 mm

(g) 上边界位移 2.1 mm　(h) 上边界位移 2.4 mm

(i) 上边界位移 2.7 mm

图6.31　矩形膜剪切变形过程(t = 0.1 mm)

6.6　含裂口膜材裂纹张拉试验研究

为分析带有裂口等缺陷的正交异性膜材张拉情况,本节开展了空间膜结构的试验研究,并对膜套裂口、膜面缺陷等对膜结构形态有影响的试验结果进行分析。

6.6.1　空间膜结构试验方案

试验模型采用了一个典型的双曲抛物面索膜结构。膜片中设4根柔性边索,每2根边索与钢立柱相连接,钢立柱外由2根自由索拉接。膜面对角线方向为4 m,2个钢立柱高度1 m,2个钢立柱高度为1.5 m,边索矢跨比全部设为0.1。所用膜材为ZZF3010,边索统一选用直径为9.5 mm的钢绞线。膜结构张拉试验在南昌大学建筑工程学院结构实验室完成,现场试验模型与测量装置如图6.32所示。

(a) 张拉前　　(b) 张拉后

图 6.32　空间膜结构张拉试验装置

膜结构的张拉试验采用对称、分级张拉边索施加预张力的张拉方案。考虑到结构的对称性,在膜片区域上各测点的布置情况如图 6.33 所示。膜面的应变测量采用 BX120 - 5CA 型铂状应变花,阻值为(119 ±0.1) Ω,灵敏系数为 2.08% ±1%,采用 302 改性丙烯酸酯胶进行粘贴。边索和自由索的索力均采用 S 形拉力传感器测量。应变花与力传感器如图 6.34 所示。

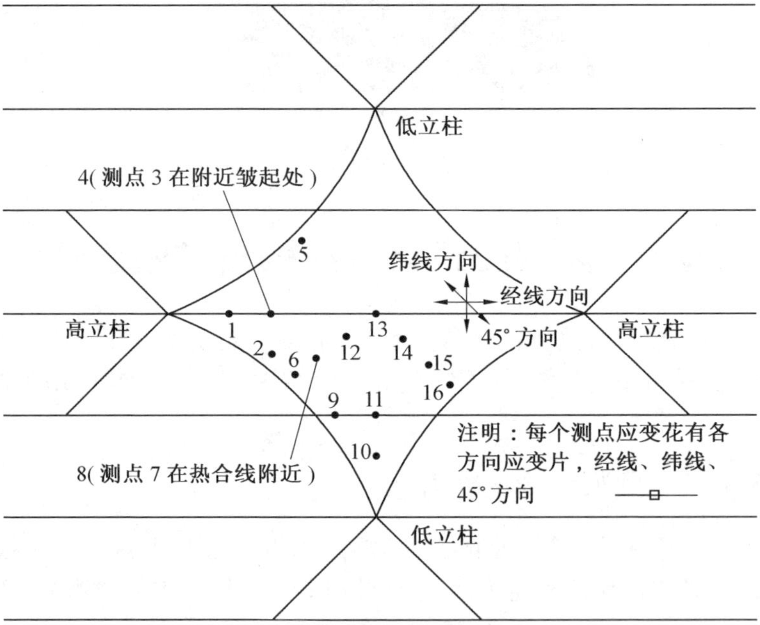

膜面测点布置图

图 6.33　应变测点示意图

图6.34　应变花与力传感器

6.6.2　空间膜结构张拉试验结果与分析

索膜结构张拉试验中,以高、低立柱柱头位置为控制点,首先调节节点板螺栓张拉膜面,然后再依次张拉4条边索,直至膜面张紧。张紧后,膜面上各测点实测主应力矢量图如图6.35所示,其分布规律与数值计算结果相近。

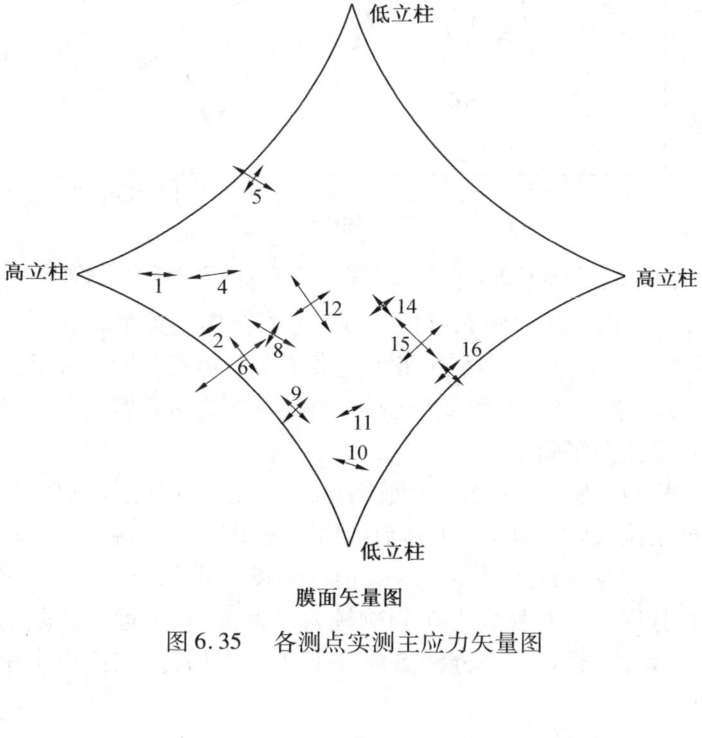

图6.35　各测点实测主应力矢量图

为分析膜缺陷对膜结构力学性质的影响，重点分析了膜套裂口、膜面圆缺口两种常见缺陷形式，如图 6.36 所示。

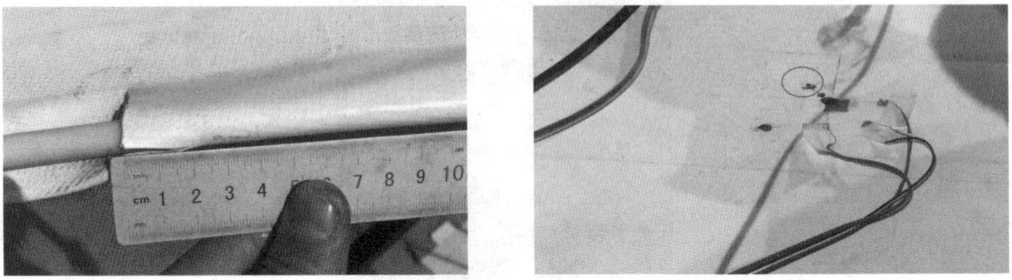

(a) 索套裂口　　(b) 膜面圆缺口

图 6.36　试验中构造的膜面缺陷

为模拟实际工程现场情况，首先分析了在膜套顶部人为开一长 2 cm 裂口的情况。图 6.37 给出了无损膜张拉、膜面制造损伤、张紧边索 3 个步骤中各测点的第一主应变值。由图示结果可知，2 cm 的索套裂口对于膜面上的应力应变分布影响很小。在张紧边索后，各测点的应变值均有明显增加，相对而言，靠近膜面中间的点应变增量更为显著。

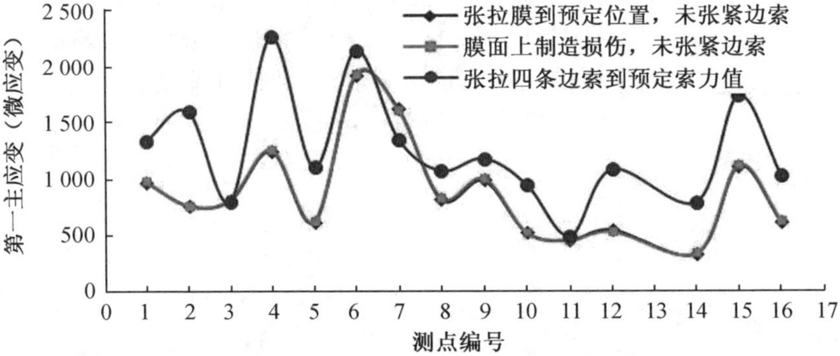

图 6.37　分步张拉过程中各测点第一主应变的变化情况（膜套裂口）

图 6.38 则给出了无损膜和有损膜分别进行 2 次完整张拉后，2 号测点处第一主应变的变化情况，其中第 5、6 步为完成了 4 条边索张紧过程后的结果。图示结果同样显示索套裂口对膜面应变影响较小，在边索张紧后测点的应变值会显著增加，膜面完全张紧。

为分析膜面圆缺口的影响，膜面张拉后，在测点 6 附近用焊枪生成一圆形缺陷，然后再张拉边索。图 6.39 分别给出了无损膜张拉、膜面制造损伤、张紧边索 3 个步骤中，各测点的第一主应变值。由图示结果可知，膜面圆孔的出现对于附近的测点（2 号、6 号、7 号）影响较为显著，而对于远离缺陷的测点则影响不大。在张紧边索后，大部分测点应变值明显增加，但靠近边索中段区域测

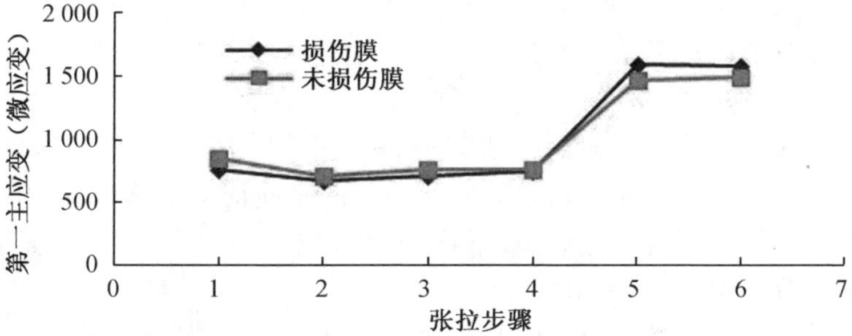

图 6.38　第 2 号测点第一主应变的变化情况

点的应变变化相对较小。

对于多个圆缺口损伤的情况，实测结果显示多处缺陷对于膜结构整体的应力应变分布影响不大，其影响多限于缺陷附近的测点。

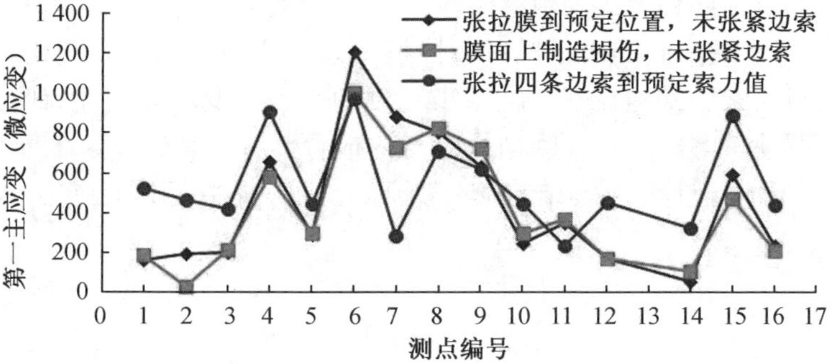

图 6.39　分步张拉过程中各测点第一主应变的变化情况(圆缺口)

在试验过程中不断增大边索索力，上述两种缺陷均未出现损伤扩展的现象。通过对试验数据的分析，发现膜结构的受力状态对于结构制造尺寸误差、张拉误差是较为敏感的。此外，采用非接触式的光学测量方法将有助于提高试验数据的精度。

本 章 小 结

本章采用理论分析、模型试验、数值模拟相结合的研究方法，针对张拉结构形态对施工缺陷敏感、柔性结构大变形计算困难等难点，用改进的弹簧质点模型作为分析计算工具，对索杆膜空间结构进行施工过程研究，得到如下结论：

（1）针对传统弹簧质点模型计算精度差的问题，提出了两种新型的弹簧质点模型及相应的变形算法，给出了各弹簧参数的解析表达式，在保留弹簧质点模型计算效率高等优点的同时，显著提高了弹簧质点模型计算精度，并将所提出的弹簧质点模型推广到正交各向异性膜材，使得模型能适用于任意膜材的材料常数及任意的三角形单元划分；进而基于新型弹簧质点模型，提出了几何大变形增量计算方法，使得弹簧质点模型能够准确处理大应变、预应力等问题。

（2）根据弹簧质点模型特点，提出了索在中间支座上滑移的处理方法，通过保持索、支座共节点、改变索单元原长的方法来模拟索滑移过程，有效避免了滑移后单元重划的困难；并进一步推广到索膜滑移问题中，为考虑索膜滑移的膜结构施工分析奠定基础。

（3）基于新型的弹簧质点模型及增量计算方法，对考虑索膜滑移情况下的空间膜结构施工过程进行了模拟，指出了在索膜结构找形分析中需要考虑索膜滑移的原因，揭示了施工过程中索膜结构应力状态的变化情况，研究了施工误差对于索膜结构受力状态的影响。

（4）采用弹簧质点模型分析了褶皱的形成机理，模拟了膜结构完整的褶皱过程，分析了影响膜结构褶皱的敏感参数。

（5）开展了含缺陷膜结构张拉试验分析。以双曲抛物面索膜结构为试验模型，测量分析了索膜结构在不同施工步骤中的应力应变状态变化；研究了膜套裂口、膜面圆缺口等缺陷对于膜结构应变分布的影响。本章内容有助于完善空间膜结构的设计理论，为膜结构施工过程分析等提供了理论方法和试验依据。

附　　录

以下是索、膜单元的单元刚度矩阵的程序。

```
                %%%%%% 索单元刚度矩阵 %%%%%%
function kC = CableStiffnessMatrix(ieC,xigma_C,E_CC)
global node elementC materialC
kC = zeros(6,6);
   E_C = E_CC(:,ieC);
A_C = materialC(elementC(ieC,3),2);
N_C = materialC(elementC(ieC,3),3);
[tC,L_C] = CableCoordinateTransform(ieC);
kLC = zeros(6,6);
kLC = ((A_C * E_C)/L_C) * [1 0 0 -1 0 0;% L为单元整体坐标系下
                           0 0 0 0 0 0;
                           0 0 0 0 0 0;
                           -1 0 0 1 0 0;
                           0 0 0 0 0 0;
                           0 0 0 0 0 0];
kNLC = zeros(6,6);
kNLC = ((A_C * xigma_C(:,ieC))/L_C) *
                        [1 0 0 -1 0 0;
                        0 1 0 0 -1 0;
                        0 0 1 0 0 -1;
                        -1 0 0 1 0 0;
                        0 -1 0 0 1 0;
                        0 0 -1 0 0 1];
kLC = tC' * kLC * tC;          % 转换到整体坐标系
kNLC = tC' * kNLC * tC;
kC = kLC + kNLC;               % 整体坐标系下单元刚度矩阵
return
```

```
%%%%%% 膜单元刚度矩阵 %%%%%%
function kM = MembraneStiffnessMatrix(ieM,Sigma,D_MM)
global node elementM materialM
kM = zeros(9,9);
h = materialM(elementM(ieM,4),6);
  for i = 1:3
    D_M(:,i) = D_MM(:,3*(ieM-1)+i);     % 更新弹性模量矩阵
  end
[tM,A_M,BL_M,G] = MembraneCoordinateTransform(ieM);
kLM = zeros(9,9);
kLM = A_M*h*BL_M'*D_M*BL_M;
kNLM = zeros(9,9);
    M = [Sigma(1,ieM)  0  0  Sigma(3,ieM) 0  0;
         0  Sigma(1,ieM)  0  0  Sigma(3,ieM) 0;
         0  0  Sigma(1,ieM)  0  0  Sigma(3,ieM);
         Sigma(3,ieM)  0  0  Sigma(2,ieM)  0  0;
         0  Sigma(3,ieM)  0  0  Sigma(2,ieM)  0;
         0  0  Sigma(3,ieM)  0  0  Sigma(2,ieM)];
kNLM = A_M*h*G'*M*G;
kLM = tM'*kLM*tM;          % 转换到整体坐标系下
kNLM = tM'*kNLM*tM;
kM = kLM + kNLM;           % 整体坐标系下单元刚度矩阵
return

%%%%%% 索单元的坐标转换矩阵 tC %%%%%%
function[tC,L_C] = CableCoordinateTransform(ieC)
global node elementC materialC
xi = node(elementC(ieC,1),1);
yi = node(elementC(ieC,1),2);
zi = node(elementC(ieC,1),3);
xj = node(elementC(ieC,2),1);
yj = node(elementC(ieC,2),2);
zj = node(elementC(ieC,2),3);
L_C = ((xj-xi)^2 + (yj-yi)^2 + (zj-zi)^2)^(1/2);
```

```
l1 = (xj - xi)/L_C;
m1 = (yj - yi)/L_C;
n1 = (zj - zi)/L_C;

o1o = [ - xi, - yi, - zi];
x_aix = [xj - xi,yj - yi,zj - zi];      % 局部坐标 x 轴 i
X_aix = [1,0,0];                        % 整体坐标 X 轴
bb = cross(x_aix,X_aix);                % 内积
%%%%%% 构造比例因子 cc,判断 x 轴与 o1o 轴是否共线
  if xj - xi ~ = 0
    if xi ~ = 0
    cc = (xj - xi)/( - xi);
    dd = x_aix - cc * o1o;
    else
    cc = ( - xi)/(xj - xi);
    dd = o1o - cc * x_aix;
    end
  elseif xj - xi == 0 & yj - yi ~ = 0
    if yi ~ = 0
    cc = (yj - yi)/( - yi);
    dd = x_aix - cc * o1o;
    else
    cc = ( - yi)/(yj - yi);
    dd = o1o - cc * x_aix;
    end
  elseif xj - xi == 0 & yj - yi == 0 & zj - zi ~ = 0
    if zi ~ = 0
    cc = (zj - zi)/( - zi);
    dd = x_aix - cc * o1o;
    else
    cc = ( - zi)/(zj - zi);
    dd = o1o - cc * x_aix;
    end
  end
```

```
        if abs(dd) < 1e - 5
          dd = zeros(1,3);
        end
    if any(o1o) == 1                  % 两坐标系原点不重合
    if any(dd) == 1                   % x 轴与 o1o 轴不重合
        d1 = ((- m1 * zi + n1 * yi)^2 + (- n1 * xi + l1 * zi)^2 +
(- l1 * yi +m1 * xi)^2)^(1/2);
        l2 = ( - m1 * zi + n1 * yi)/d1;
        m2 = ( - n1 * xi + l1 * zi)/d1;
        n2 = ( - l1 * yi + m1 * xi)/d1;
      elseif dd == 0 & any(bb) == 1   %x 轴与 o1o 轴重合且 x 轴与 X 轴不平行
        d1 = (m1^2 + n1^2)^(1/2);
        l2 = 0;
        m2 = n1/d1;
        n2 =- m1/d1;
      elseif dd == 0   & bb == 0%  x 轴与 X 轴共线
        l2 = 0;
        m2 = 1;
        n2 = 0;
      end
    elseif o1o == 0                   % 两坐标系原点重合
      if any(bb) == 1                 % x 轴与 X 轴不共线
        d1 = (m1^2 + n1^2)^(1/2);
        l2 = 0;
        m2 = n1/d1;
        n2 =- m1/d1;
      elseif  bb == 0                 % x 轴与 X 轴共线
        l2 = 0;
        m2 = 1;
        n2 = 0;
      end
    end
    l3 = n2 * m1 - m2 * n1;
    m3 = l2 * n1 - n2 * l1;
```

```
n3 = m2 * l1 - l2 * m1;
tC = [l1  m1  n1  0  0  0;
      l2  m2  n2  0  0  0;
      l3  m3  n3  0  0  0;
      0 0  0  l1  m1  n1;
      0  0  0  l2  m2  n2;
      0 0  0  l3  m3  n3];
return
        %%%%%% 膜的坐标转换矩阵 tM %%%%%%%
function[tM,A_M,BL_M,G] = MembraneCoordinateTransform(ieM)
global node elementM materialM
xi = node(elementM(ieM,1),1);
yi = node(elementM(ieM,1),2);
zi = node(elementM(ieM,1),3);
xj = node(elementM(ieM,2),1);
yj = node(elementM(ieM,2),2);
zj = node(elementM(ieM,2),3);
xm = node(elementM(ieM,3),1);
ym = node(elementM(ieM,3),2);
zm = node(elementM(ieM,3),3);
L_Mij = ((xj - xi)^2 + (yj - yi)^2 + (zj - zi)^2)^(1/2);
L_Mjm = ((xm - xj)^2 + (ym - yj)^2 + (zm - zj)^2)^(1/2);
L_Mmi = ((xi - xm)^2 + (yi - ym)^2 + (zi - zm)^2)^(1/2);
Cos Thita = (L_Mij^2 + L_Mmi^2 - L_Mjm^2)/(2 * L_Mij * L_Mmi);
xi_ = 0;
yi_ = 0;
yj_ = 0;
xj_ = L_Mij;
xm_ = L_Mmi * cos Thita;
ym_ = (L_Mmi^2 - xm_^2)^0.5;
zi_ = 0;
zj_ = 0;
zm_ = 0;
l1 = (xj - xi)/L_Mij;
```

```
m1 = (yj - yi)/L_Mij;
n1 = (zj - zi)/L_Mij;
A_M = (1.0/2) * xj_ * ym_;
l3 = (1/(2 * A_M)) * ((yj - yi) * (zm - zi) - (zj - zi) * (ym - yi));
m3 = (1/(2 * A_M)) * ((zj - zi) * (xm - xi) - (xj - xi) * (zm - zi));
n3 = (1/(2 * A_M)) * ((xj - xi) * (ym - yi) - (yj - yi) * (xm - xi));
l2 = m3 * n1 - n3 * m1;
m2 = n3 * l1 - n1 * l3;
n2 = l3 * m1 - l1 * m3;
tM = [l1   m1   n1   0   0   0   0   0   0;
      l2   m2   n2   0   0   0   0   0   0;
      l3   m3   n3   0   0   0   0   0   0;
      0   0   0   l1   m1   n1   0   0   0;
      0   0   0   l2   m2   n2   0   0   0;
      0   0   0   l3   m3   n3   0   0   0;
      0   0   0   0   0   0   l1   m1   n1;
      0   0   0   00   0   l2   m2   n2;
      0   0   0   0   0   0   l3   m3   n3];
BL_M =   (1/(2 * A_M)) *
[- ym_   0   0   ym_   0   0000;
0   xm_ - xj_   0   0   - xm_ 00 xj_   0;
xm_ - xj_   - ym_   0   - xm_ ym_ 0 xj_   00];
G = (1.0/(2 * A_M)) *
[- ym_   0   0 ym_ 0   0   0   0   0;
0   - ym_   0   0   ym_   0   0   00;
0   0   - ym_   0   0   ym_   0   00;
xm_   - xj_ 0   0 - xm_   00 xj_ 00
0   xm_ - xj_ 0   0 - xm_   00 xj_ 0;
0   0   xm_ - xj_ 0   0 - xm_   00 xj_];
return
```

参考文献

[1] 吕晶，张波. 空间结构施工中人为错误与对策[J]. 中国安全科学学报，2003，13(9)：35-38.

[2] 沈世钊. 大跨空间结构理论研究和工程实践[J]. 中国工程科学，2001，3(3)：34-41.

[3] 胡加珠，尹楠. 张拉式膜结构的动力分析[J]. 建筑技术开发，2002，29(8)：1-2，48.

[4] 杨庆山，姜忆南. 张拉索膜结构分析与设计[M]. 北京：科学出版社，2004.

[5] LALVANI H. Origins of tensegrity：views of emmerich，fuller and snelson[J]. International Journal of Space Structure，1996，11(1&2)：27-55.

[6] 沈世钊. 大跨空间结构若干关键理论问题研究[C]. 杭州：中国建筑科学研究院建筑结构研究所，2000.

[7] 蓝天. 膜结构：成就、问题与展望[C]. 杭州：中国土木工程学会，2000.

[8] 胥传喜，钱若军. 大跨膜结构及其在国内的研究现状[J]. 河海科技进展，1993，13(2)：21-27.

[9] 石井一夫. 日本膜结构的发展[J]. 世界建筑，1999 (3)：70-73.

[10] 蓝天. 当代膜结构的发展概述[J]. 世界建筑，2000 (9)：17-20.

[11] 沈世钊. 膜结构：发展迅速的新型空间结构[J]. 哈尔滨建筑大学学报，1999，32(2)：11-15.

[12] 毛国栋. 索膜结构设计方法研究[D]. 杭州：浙江大学，2004.

[13] 沈祖炎，赵宪忠. 现代大跨度非刚性结构体系建筑施工中的关键问题[J]. 建筑施工，2000，3(22)：54-57.

[14] 胥传喜. 张力膜结构的全过程集成分析及其策略研究[J]. 空间结构，1998，4(4)：33-38.

[15] 张文英，李中立. 深圳欢乐谷中心剧场膜结构穹顶[J]. 空间结构，2000，6(1)：3-8.

[16] 卫东. 张拉式膜结构形态分析及优化[D]. 哈尔滨：哈尔滨工业大

学, 2001.

[17] 中国工程建设标准化协会. 膜结构技术规程:CECS 158—2004[S]. 北京:中国计划出版社, 2004.

[18] 申屠江. 威海体育场张拉式膜结构设计与成形研究[D]. 南京:东南大学, 2002.

[19] BERGER H. Tensile structures highlight new Denver airport[J]. IASSSymp, On Spatial, Lattice, Tension Structures, 1994:957-967.

[20] FREI O. Tensile structures[M]. Cambridge: The MIT Press, 1973.

[21] MCDONALD B M, PEYROT A H. Analysis of cables suspended in sheaves[J]. J Struct Engng, ASCE, 1988, 114(3):693-706.

[22] KINYA A, ATUSHI I, TOSHIO S, et al. Design and construction of a double membrane air-supported structure[J]. Engineering Structures, 1999, 21: 786-794.

[23] 张宏超. 膜结构的找形方法和力学特性研究[D]. 成都: 西南交通大学, 2003.

[24] SCHEK H J. The force density method for form finding and computation of general networks[J]. Computer Methods in Applied Mechanics and Engineering, 1974, 3(1):115-134.

[25] 盛松. 浅谈索膜结构的设计与施工[J]. 工程建设与档案, 2002(3):15-16.

[26] 汪前, 陈洁如. 义乌会展中心体育场的膜结构安装施工[J]. 浙江建筑, 2002 (4):31-32.

[27] 张文英. 义乌体育会展中心体育场索膜结构篷盖的设计与施工[J]. 建筑技术, 2001, 32 (12):821-823.

[28] ISHII K. Forma finding analysis in consideration of cutting patterns of membrane structures[J]. International Journal of Space Structures, 1999, 14(2): 105-119.

[29] 宋昌永, 王树斌. 膜结构中索滑动对结构性能的影响[J]. 工程力学, 2001(增刊): 651-659.

[30] MATSUMURA T, ODA K, TACHIBANA E. Finite element analysis of cable reinforced membrane structures with the use of bendable-element[C]. Singapore: Proceedings of IASS Symposium 97 on Shell and Spacial Structures, 1998.

[31] ARGYRIS J, ANGELOPOULOS J, BICHAT B. A general method for the

shape finding of lightweight tension structures[J]. Comp Methods Appl Mech Enging, 1974, 3: 135-149.
[32] 张其林. 索和膜结构[M]. 上海:同济大学出版社, 2002.
[33] 张如三. 材料力学[M]. 北京:中国建筑工业出版社, 1993.
[34] DAVIDSON C S C. Transporting sixty-ton statues in early Assyria and Egypt[J]. Technology and Culture, 1961, 2: 1.
[35] MAURIN B, MOTRO R. Cutting pattern of fabric membranes with the stress composition method[J]. International Journal of Space Structures, 1999,14(2):121-129.
[36] MEEK J L, XIA X Y. Computer shape finding of form structures[J]. International Journal of Space Structures, 1999, 14(1):35-55.
[37] MAGARA H, OKAMURA K, KAWAGUSHI M. An analysis of membrane structures[J]. Shell and Spatial Structures Engineering, 1997(7):1-12.
[38] BLETZINGER K U, RAMM E. A general finite element approach to the form finding of tensile structures by the updated reference strategy[J]. International Journal of Space Structures, 1999, 14(2):131-145.
[39] SCHWENKEL D. Form studies relating to air-supported structures by minimization of element surface[J]. CAD, 1987, 15(1):19-23.
[40] GRUNDIG L. Minimal surfaces for finding forms of structural membrane[J]. Computers and Structures, 1988, 30(3):679-683.
[41] 孙晓颖. 膜结构考虑滑移问题的分析[D]. 哈尔滨: 哈尔滨工业大学, 2001.
[42] 胡宁. 索杆膜空间结构协同分析理论及风振响应研究[D]. 杭州:浙江大学, 2003.
[43] 赖达东. 索杆膜结构的协同找形及荷载分析研究[D]. 杭州: 浙江大学, 2003.
[44] 罗斌. 张拉式膜结构的非线性分析和织物膜材的拉伸试验研究[D]. 南京:东南大学, 2003.
[45] 白洪涛. 索膜结构数值理论和 CAD 实现[D]. 上海:同济大学, 2002.
[46] 殷有泉. 固体力学非线性有限元引论[M]. 北京: 北京大学出版社, 1987.
[47] 张汝清, 詹先义. 非线性有限元分析[M]. 重庆:重庆大学出版社, 1990.
[48] 王勖成, 邵敏. 有限单元方法基本原理和数值方法[M]. 2 版. 北京:清华大学出版社, 1997.

[49] SCHEK H J. The force density method for form finding and computation of general networks[J]. Computer Methods in Applied Mechanics and Engineering, 1974, 3(1):115-134.

[50] MAURIN B, MOTRO R. Investigation of minimal forms with density methods[J]. Journal of the International for Shell and Spatial Structures: IASS, 1997,3:143-154.

[51] BARNES M R. Form-finding and analysis of prestressed nets and membranes[J]. Comp Struct, 1988(30):685-695.

[52] DAY A S. An introduction to dynamic relaxation[J]. The Engineer, 1965,29:218-221.

[53] OTTER J R H. Computations for prestressed concrete reactor pressure vessels using dynamic relaxation[J]. Nuclear Structure, 1965, 1(1): 61-75.

[54] DAY A S, BUNCE J H. Analysis of cable networks by dynamic relaxation[J]. Civil Engineer and Public Review, 1970,4:383-386.

[55] BAMES M R. Form finding and analysis of tension structures by dynamic relaxation[J]. International Journal of Space Structures, 1999,14(2): 89-104.

[56] LEWIS W J, GOSLING P D. Stable minimal surfaces in form finding of lightweight tension structures[J]. International Journal of Space Structures, 1993,8(3):149-166.

[57] LEWIS W J, LEWIS T S. Application offormian and dynamic relaxation to the form-finding of minimal surfaces[J]. Journal of the International Association for Shell and Spatial Structures, 1996, 37(122):165-186.

[58] BRANES M R. Form and stress engineering of tension structures[J]. Structural Engineering Review, 1994, 6(3):175-202.

[59] HAUG E, POWELL G H. Analytical shape finding for cable nets, IASS pacificsymp. Part Ⅱ[C]. Tokyo and Kyoto: An Tension Structural and Space Frames, 1972.

[60] NISHFIMURA T, TOSAKA N, HONMA T. Membrane structures analysis using the finite element technique[C]. Osaka: IASSSymp, 1986.

[61] GOSLING P D, LEWIS W J. Optimal structural membranes- Ⅰ formulation of a curved quadrilateral element for surface definition[J]. Computer & Structures, 1996, 61(5):871-883.

[62] GOSLING P D, LEWIS W J. Optimal structural membranes-Ⅱ formulation of a curved quadrilateral element for surface definition[J]. Computer & Structures, 1996, 61(5):885-895.

[63] CANER A, HSU R. Tensioned fabric shape-finding[J]. Journal of Structural Engineering, 1999, 36: 1065-1071.

[64] UETANI K, FUJII E, OHSAKI M, et al. Initial stress field determination of membranes using optimization technique[J]. International Journal of Space Structures, 2000, 15(2):137-143.

[65] BLETZINGER K U, RAMM E. Structural optimization and form finding of light weight structures[J]. Computers & Structures, 2001, 79: 2053-2062.

[66] HAUG E, POWELL G H. Finite element analysis of nonlinear membrane structures, proc[C]. Tokyo and Kyoto: IASS Pacific Symposium on Tension Structures and Space Frames, 1971.

[67] 凌道盛, 徐兴. 非线性有限元及程序[M]. 杭州:浙江大学出版社, 2004.

[68] 祝效华, 余志祥. ANSYS高级工程有限元分析范例精选[M]. 北京:电子工业出版社, 2004.

[69] 沈世钊, 徐崇宝, 赵臣. 悬索结构设计[M]. 北京:中国建筑工业出版社, 1997.

[70] PELLEGINO S, CALLADINE C R. Matrix analysis of statically and kinematically indeterminate frameworks[J]. Int J Solids Struct, 1986, 22: 409-442.

[71] PELLEGRINO S. Structural computations with the singular value decomposition of the equilibrium matrix[J]. International Journal of Solids & Structures, 1993, 30(21): 3025-3036.

[72] VASSART N, MOTRO R. Multiparametered form finding method: application to tensegrity systems[J]. Int J Space Structures, 1999, 14(2):147-154.

[73] KUZNETSOV E N. Statics and geometry of underconstrained axisymmetric 3-nets[J]. J Appl Mech, 1984,51:82.

[74] 罗尧治, 董石麟. 索杆张力结构初始预应力分布计算[J]. 建筑结构学报, 2000,21(5): 59-64.

[75] 刘家喜, 余志祥. 膜结构设计制作中的几个关键问题[J]. 四川建筑科学研究, 2004, 30(4): 25-27.

[76] 卫东，杨庆山，沈世钊. 张拉式膜结构模型全过程试验研究[J]. 建筑结构学报，2004，25(2):49-56.

[77] 王辉，丁阳. 膜结构的非线性有限元分析[D]. 天津:天津大学，2002.

[78] 马明. 膜结构裁剪分析中若干问题的研究及其应用[D]. 北京:中国建筑科学研究院，2002.

[79] 毛国栋，孙炳楠，濮钧索. 膜结构裁剪分析中测地线生成的非线性有限单元法[J]. 工程力学，2005，22(2):33-37.

[80] 陈务军. 膜结构工程设计[M]. 北京:中国建筑工业出版社，2005.

[81] AYYUB B M. Post-tensioned trusses: analysis and design[J]. Journal of Structural Engineering, ASCE, 1990, 116(6): 1491-1506.

[82] 彭伟贤，陈春雷，梁佶，等. 一种滑移索的简捷计算方法[J]. 结构工程师，2005，21 (1): 30-33.

[83] 郭彦林，崔晓强. 滑动索系结构的统一分析方法:冷冻 – 升温法[J]. 工程力学，2003，20(4):156-160.

[84] 唐建民，沈祖炎. 悬索结构非线性分析滑移索单元法[J]. 计算力学学报，1999，16(2): 143-149.

[85] 唐建民，卓家寿. 在中支座可滑动的两跨连续索的静力分析[J]. 计算力学学报，1999，16(4): 483-488.

[86] 魏建东，刘忠玉. 一种连续索滑移的处理方法[J]. 计算力学学报，2003，20(4): 495-499.

[87] 王小明，刘北辰. 悬索的变原长计算模式[J]. 计算结构力学及其应用，1992，9(2):135-139.

[88] AUFAURE M. A three-node cable element ensuring the continuity of the horizontal tension: a clamp cable element[J]. Computers & Structures, 2000, 74:243-251.

名 词 索 引

Y

Z